U0320157

糙 米 03

好好吃
温柔爱

张小马 主编

电子工业出版社
Publishing House of Electronics Industry
北京·BEIJING

图书在版编目（ＣＩＰ）数据

糙米.03, 好好吃温柔爱 / 张小马主编. — 北京：电子工业出版社，2018.8

ISBN 978-7-121-35009-2

Ⅰ.①糙… Ⅱ.①张… Ⅲ.①素菜－菜谱 Ⅳ.①TS972.123

中国版本图书馆CIP数据核字(2018)第205828号

策划编辑：白　兰

责任编辑：张瑞喜

印　　刷：中国电影出版社印刷厂

装　　订：中国电影出版社印刷厂

出版发行：电子工业出版社

　　　　　北京市海淀区万寿路173信箱　　邮编：100036

开　　本：787×1092　1/16　印张：10.5　字数：238千字

版　　次：2018年8月第1版

印　　次：2018年8月第1次印刷

定　　价：58.00元

凡所购买电子工业出版社图书有缺损问题，请向购买书店调换。若书店售缺，请与本社发行部联系，联系及邮购电话：（010）88254888，88258888。

质量投诉请发邮件至zlts@phei.com.cn，盗版侵权举报请发邮件至dbqq@phei.com.cn。

本书咨询电邮：bailan@phei.com.cn，咨询电话：（010）68250802。

主编 / Chief Editor：张小马 Aileen Zhang
艺术总监 / Design Director：森形设计事物研究室 SENSING DESIGN- 孙梓峰 Sun Zifeng
平面设计 / Graphic Design：孙梓峰 Sun Zifeng　王一超 Yichao Wang
特约撰稿人 /Special Contributor：汤蓓佳 Elsa Tang　袁冬妮 NINI　Vegan Kitty Cat（Hailey）
特约摄影师 / Special Photographer：帕姆 Palm
品牌运营 / Brand Operator：徐蕾 Lilian Xu

特约撰稿人介绍

SPECIAL CONTRIBUTOR

Elsa Tang，汤蓓佳，Zero Waste（零废弃）生活方式实践者、倡导者，GoZeroWaste 发起人。从减少垃圾到减法生活，她相信每一个小行动都能带来积极的变化，并希望用轻松有趣的方式帮助更多人开启可持续生活。

NINI，袁冬妮，素食营养撰稿人，中华自然疗法总会自然饮食疗法咨询师，国家二级公共营养师，健康料理分享者。一个讲道理的素食主义者，善于用理性文字分享植物营养，帮助更多人健康吃饭。

Vegan Kitty Cat（Hailey Chang）是一名素食十年的动物权益家、口译员、引导师及博主，曾任全球最大动物权益组织华语区负责人五年，现任职美国权威营养机构 NutritionFacts.org 推广蔬食健康。工作之余，拥有国际化背景的她也在 Instagram 上分享丰富的旅游经历和个人成长心得，帮助人们建立一个更觉醒的新世界。

文 / 张小马

与自然为伍的生活

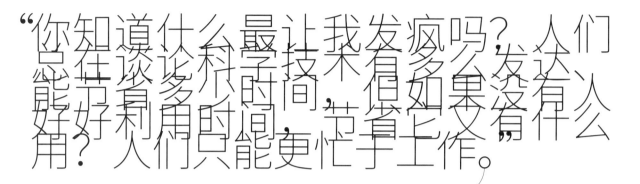

"你知道什么最让我发疯吗？人们总在谈论科学技术有多么发达、能节省多个时间，但如果没有人好好利用时间，节省上又有什么用？人们只能更忙于工作。"

这本书的初步想法，便形成于对这段电影台词的思考与延展。

环顾四周，人们没有利用科技为我们节省的时间去享受生命，反而都在为了获取更多的财富和过上令别人交口称赞的生活而奔波忙碌、忧心如焚。有的人住进市中心的大房子，有的人飞去欧洲旅行、购物，有的人花费大价钱去吃一顿饭，可他们依然感到空虚和痛苦。在对物质无限制的追逐下，越想掌控，就越失控。

生活其实不必如此。

人们兜兜转转几千年，归根结底，想要的其实很简单——拥有当下的快乐和持续的幸福。稍加留心便不难发现，那些真正找到快乐和幸福的人，不是被比比皆然的物质所包围的人，而是学会了如何满足于更少物质的人。不被消费主义控制，不被物质限制自由，与四季成为朋友，在大自然中体会生命的真谛，且拥有随遇而安的能力。

如果说这个世界上真的存在令人幸福的灵丹妙药，那就是与自然为伍的生活吧。有谁不想住在靠近森林、大海、空气清新的地方呢？可是，在物质主义的催化下，人们不计后果地砍伐森林，把海洋捕捞一空后又填上垃圾，仿佛我们可以脱离自然而独居在城市中。我想，如果说文明意味着生活环境的进步，那所谓的生活环境一定不止是整洁的城市，我们更要去看看海洋的深处，窥探森林里的隐秘之地，再数一数垃圾场里的苍蝇。现代文明的进步一旦建立在破坏所有生命赖以生存的自然环境的前提下，那还不如过回野蛮人的生活。

于是在这本书中，我们试图探索这种与自然为伍的生活的可能和价值。不管是素食主义、极简主义，还是零废弃、断舍离，最终都基于一种由内而外的平衡，那就是要求人们察觉自然、尊重自然、保护自然，因为唯有自然才是亘古不变的幸福之源。

CONTENTS 目录

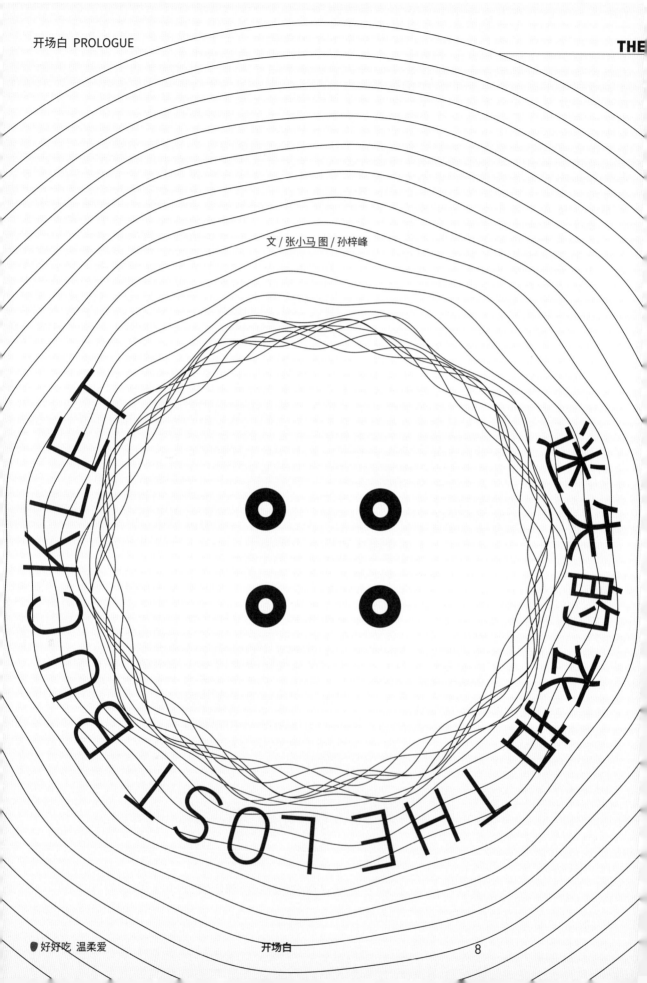

文 / 张小马 图 / 孙梓峰

迷失的衣扣和 THE LOST BUCKLET

01
ET THE LOST BUCKLET THE LOST BUCKLET THE

02 **03**
THE LOST BUCKLET THE LOST BUCKLET THE

04
THE LOST BUCKLET THE LOST BUCKLET THE

05
THE LOST BUCKLET THE LOST BUCKLET THE

06
THE LOST BUCKLET THE LOST BUCKLET THE

07
THE LOST BUCKLET THE LOST BUCKLET THE

08
THE LOST BUCKLET THE LOST BUCKLET THE

01

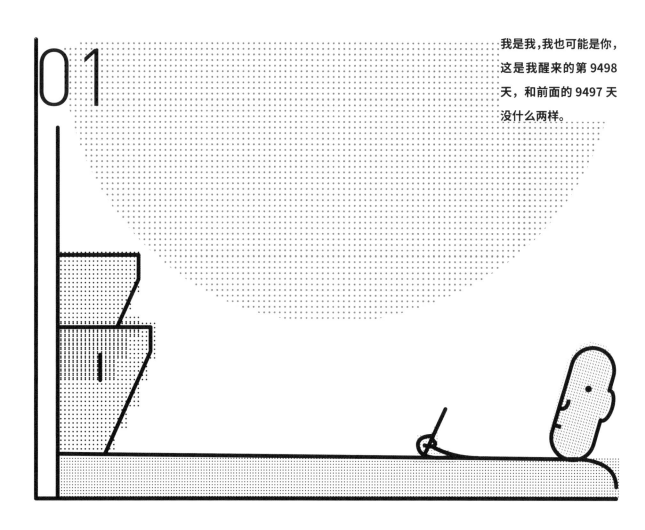

我是我,我也可能是你,这是我醒来的第 9498 天,和前面的 9497 天没什么两样。

02

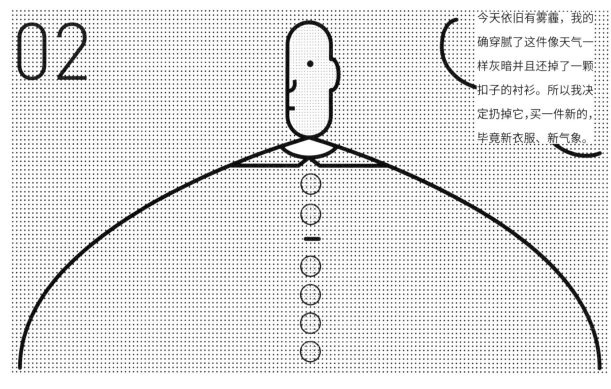

今天依旧有雾霾,我的确穿腻了这件像天气一样灰暗并且还掉了一颗扣子的衬衫。所以我决定扔掉它,买一件新的,毕竟新衣服、新气象。

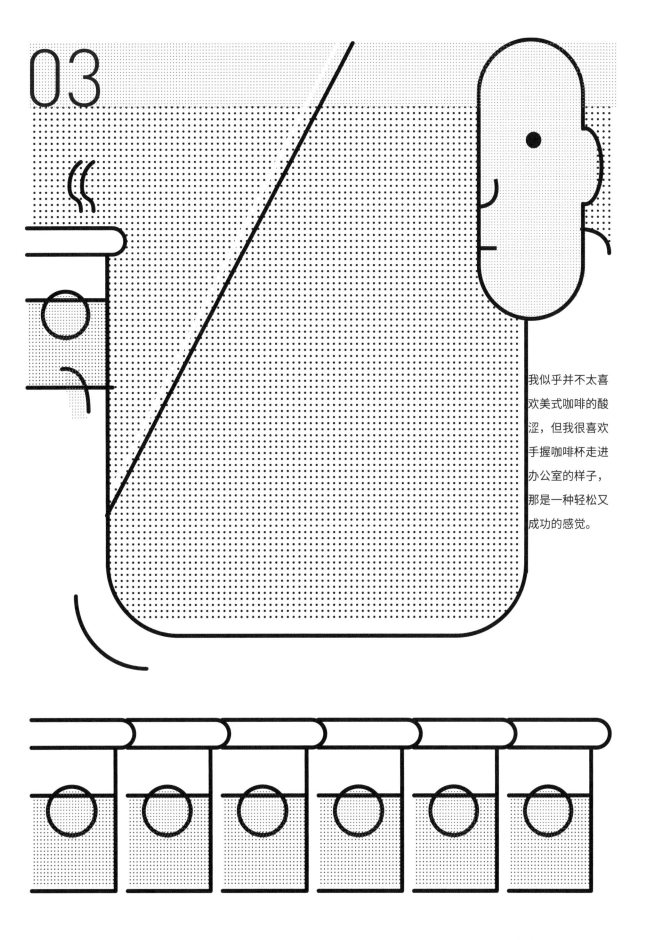

03

我似乎并不太喜欢美式咖啡的酸涩，但我很喜欢手握咖啡杯走进办公室的样子，那是一种轻松又成功的感觉。

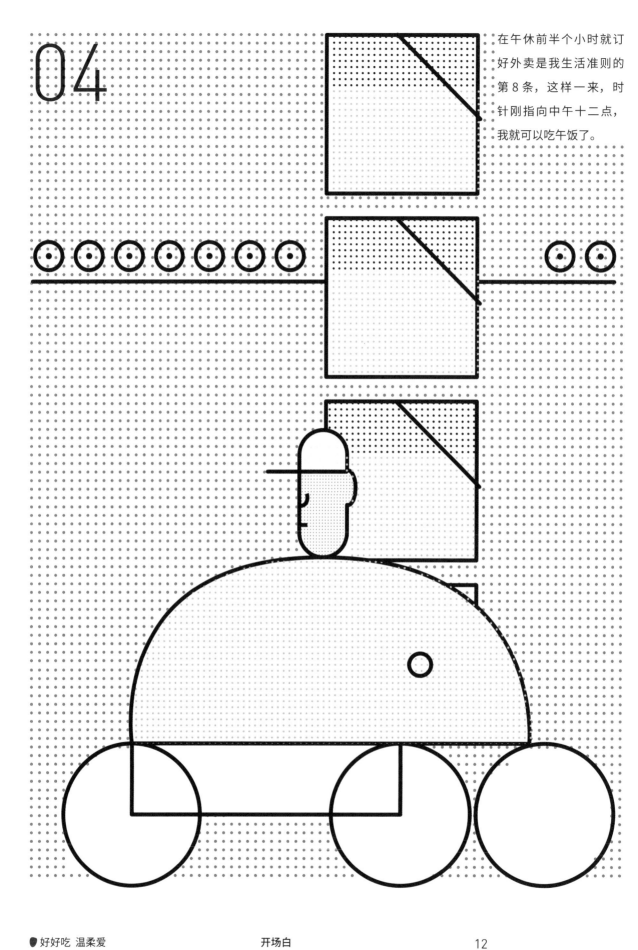

04

在午休前半个小时就订好外卖是我生活准则的第 8 条，这样一来，时针刚指向中午十二点，我就可以吃午饭了。

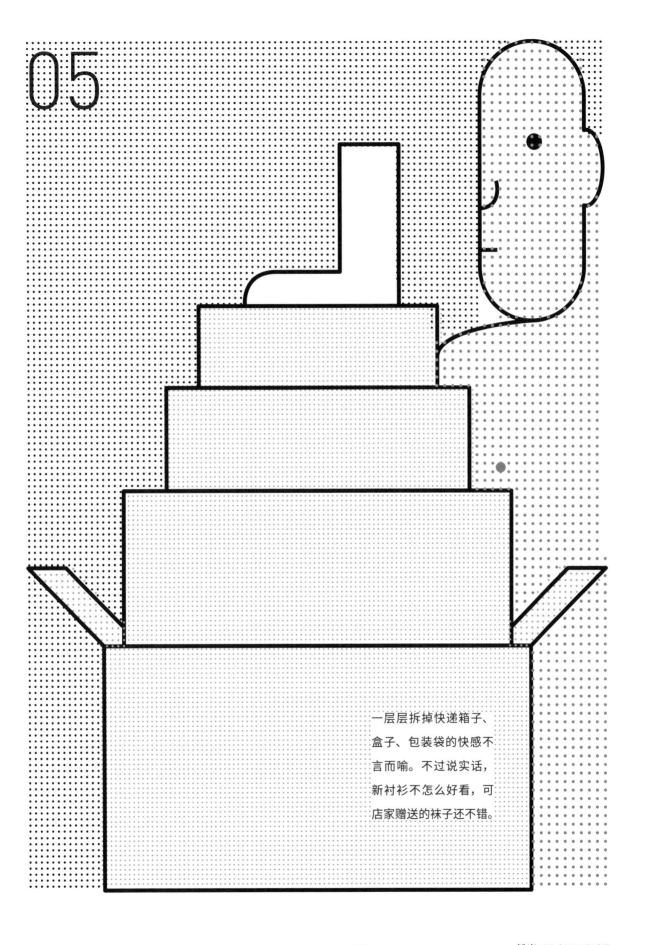

一层层拆掉快递箱子、盒子、包装袋的快感不言而喻。不过说实话，新衬衫不怎么好看，可店家赠送的袜子还不错。

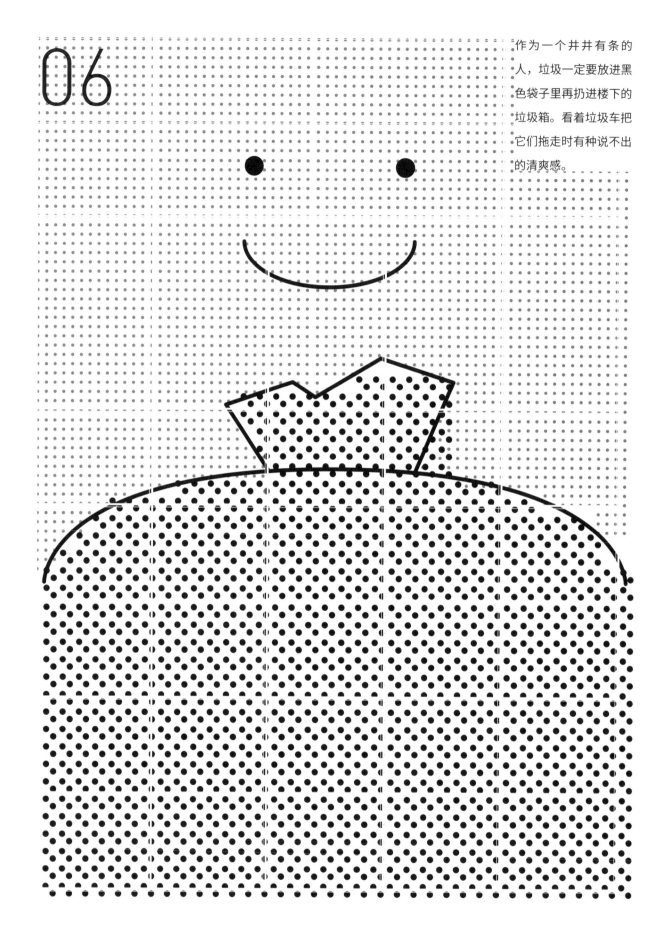

作为一个井井有条的人，垃圾一定要放进黑色袋子里再扔进楼下的垃圾箱。看着垃圾车把它们拖走时有种说不出的清爽感。

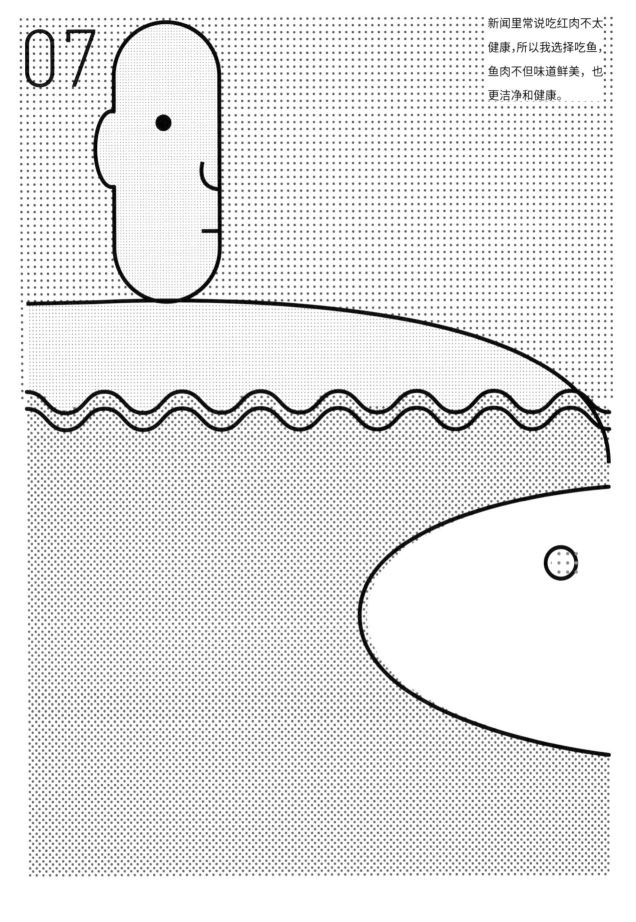

新闻里常说吃红肉不太健康，所以我选择吃鱼，鱼肉不但味道鲜美，也更洁净和健康。

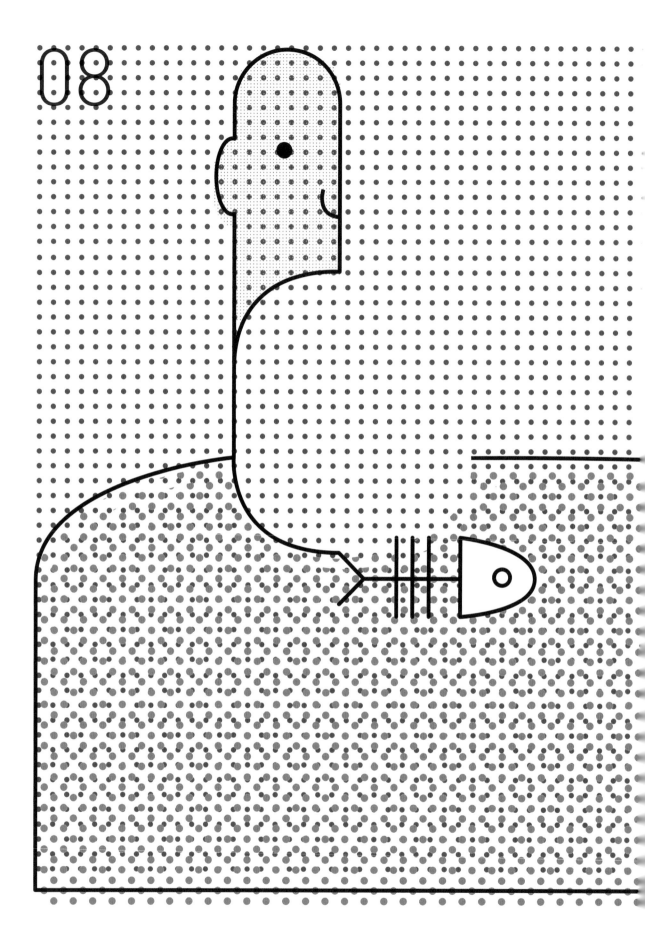

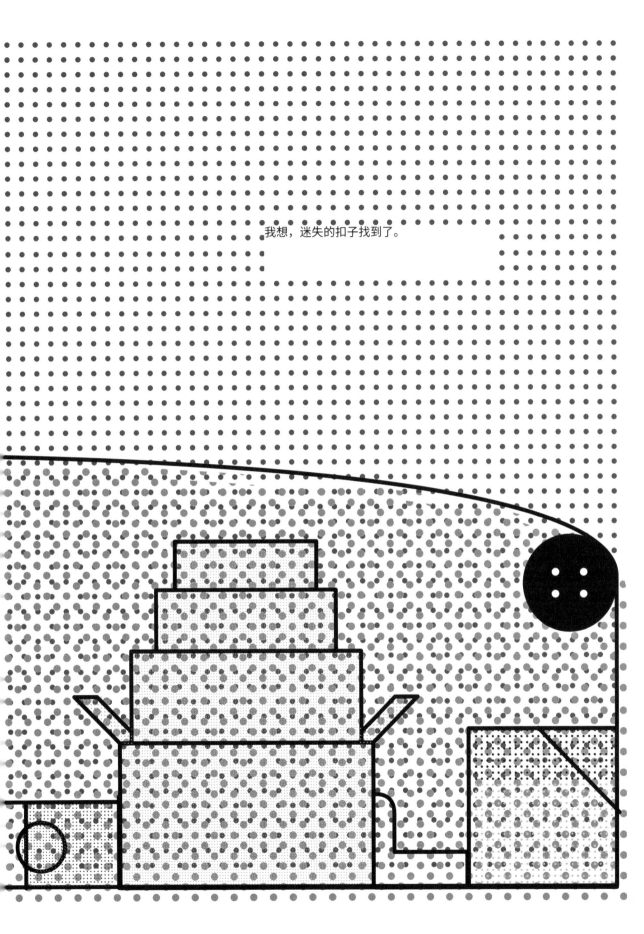

我想，迷失的扣子找到了。

吃

GETTING TO KNO

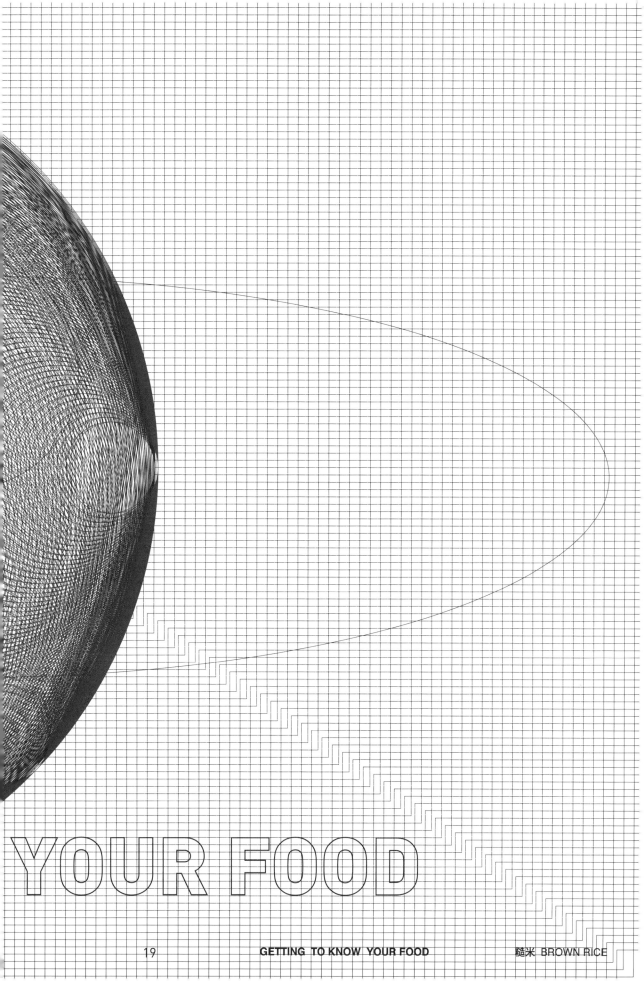

YOUR FOOD

没有什么是1顿素食解决不了的

VEGAN SAVES THE EARTH

编辑 & 文 / 张小马 数据来源 /cowspiracy.com

据说在中国的社交媒体上，有 62% 的人每月至少要晒 1次美食，有 17% 的人每天至少要晒 1 次美食，这意味着每天都会产生至少 2 亿多张与美食相关的照片。

人们之所以如此乐此不疲地分享食物，是因为在我们的文化和意识中，食物意味着享受、欢乐、慷慨、庆祝和爱。我们通过分享食物，同时也把食物所蕴含的意义一同分享了出去；我们通过分享食物，同时也把自己和其他人紧密且亲密地联系了起来，并从中获得了爱与关怀。

如果我们确定食物是一种连接人与人的方式，那么食物是不是也是一种连接其他生命与自然的方式呢？当我们吃一个苹果的时候，我们连接到了滋养它的泥土、照射它的阳光、还有滋润它的雨露，我们连接到的是欣欣向荣，是旺盛的生命力。当我们吃一块肉的时候，我们吃到的，或者说连接到的，是什么呢？

在世界范围内，就在我们"分享美食与爱"的同一时刻，每 1 秒就有 1898 只动物被吃掉（不包括海洋动物），这意味着每 1 天都有 164 000 000 只动物被吃掉，每 1 年有 60 000 000 000 只动物被吃掉。这比在 20 世纪各个战争中死亡的总人数还要多 300 倍。

我们或许从来不会去思考吃一口肉所带来的影响，因为这再普通不过了。但因美食而死的生命之多却如此令人瞠目结舌。而这也仅仅是管中窥豹、冰山一角。所以，在我们探讨环境问题和可持续问题之前，我们实在有必要了解更多吃动物的代价。

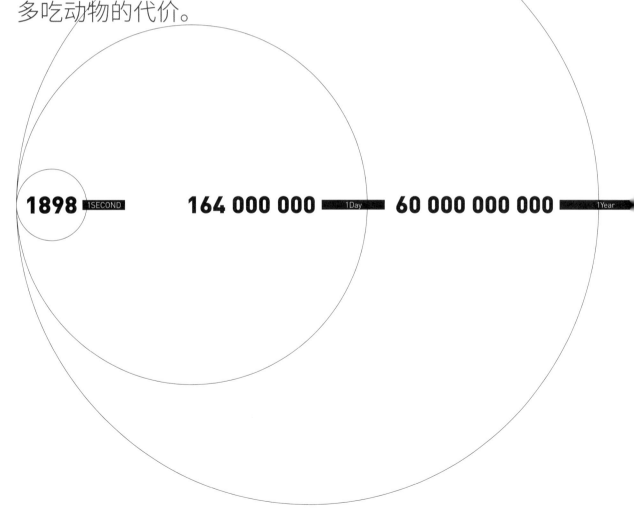

吃动物的代价

气候变化

51% 13%
600 000 000
32 000 000 000
1931

· 51% 的温室气体由畜牧业造成，13% 的温室气体由所有交通运输工具造成。

· 奶牛每天要排放 6 亿立方米甲烷气体。

· 畜牧业每年产生至少 320 亿吨二氧化碳。

· 吃 1 千克牛肉所排放的二氧化碳 = 驾车 1931 千米。

· 畜牧业温室气体排放是造成气候变化的主要原因之一。

水资源短缺

20%~30%

1 290 000~2 880 000

19 700 000 000

170 300 000 000

=1000

=3611

=6814

=18 928

=2498

=56%

· 畜牧业消耗着世界上 20%~30% 的干净水源，每年消耗 1 290 000~2 880 000 亿升水资源，足够全世界人口喝 40 年。

· 世界上所有人口每天喝掉 197 亿升水。

· 世界上所有牛只每天喝掉 1703 亿升水。

· 1 升牛奶 =1000 升水

· 1 千克鸡蛋 =3611 升水

· 1 千克芝士 =6814 升水

· 1 千克牛肉 =18 928 升水

· 1 个牛肉汉堡 =2498 升水 =1 个人可以洗 2 个月的澡。

· 在美国，56% 的水用于种植饲料。

土地破坏

30%

45%

2765

1/3

1000

28

· 地球上 45% 的土地和 30% 的无冰土地被畜牧业覆盖。

· 畜牧业造成地球上 1/3 的土地沙漠化。

· 1000 平方米土地可以生产 2765 千克植物性食物，却只能生产 28 千克牛肉。

3175 2500 411000

排泄物污染

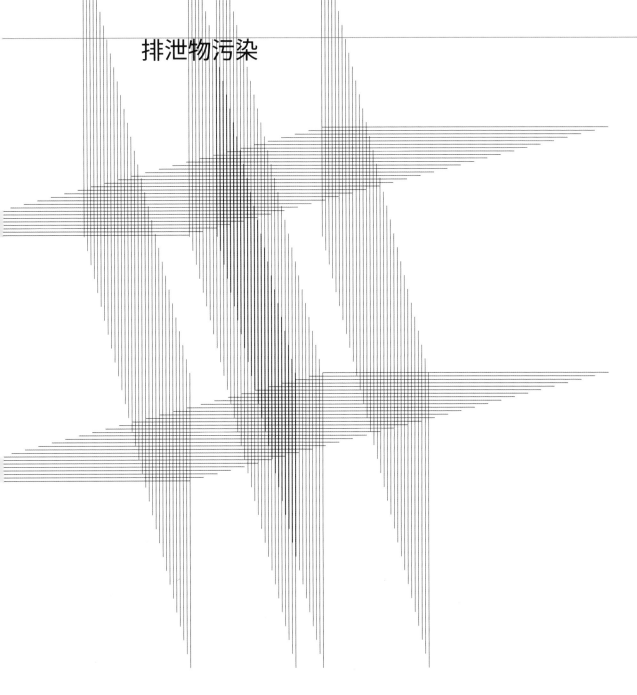

· 在美国，畜牧业动物每分钟产生 3175 吨排泄物。

· 一个拥有 2500 只奶牛的农场所产生的排泄物 = 一个拥有 411 000 人口的城市所产生的排泄物。

· 所有畜牧业动物排泄物 1 年总和足以覆盖旧金山、纽约和东京。

·世界上 3/4 的渔场已被开采利用或已枯竭殆尽。

·据估计，到 2048 年，海洋将无鱼可捕。

·每年，有 90 000 000~100 000 000 万吨鱼被捕捞≈每年有 2.7 万亿只海洋动物被杀死。

·每年，共有 650 000 头鲸、海豚和海豹被捕鱼船误杀。

3/4
2048
100 000 000
2 700 000 000 000 000
650 000

91%

4047

8094

8.5

3432

- 亚马逊热带雨林 91% 的砍伐由畜牧业造成。
- 每 1 秒就有 4047~8094 平方米的雨林遭到砍伐。
- 1 年不用纸，可以减少砍伐 8.5 棵树；1 年不吃牛肉，可减少砍伐 3432 棵树。

GETTING TO KNOW YOUR FOOD

糙米 BROWN RICE

37 99% 98% 65 000 00

动物灭绝

· 畜牧业是导致物种灭绝、海洋死亡地带、水污染和栖息地破坏的头号原因。

· 雨林的破坏导致每 1 天高达 137 种植物、动物和昆虫灭绝。

· 1 万年前，地球上生物总量的 99% 为野生动物；如今，地球上生物总量的 98% 为人类和畜牧业的动物。

· 畜牧业导致人类如今已进入 6500 万年以来最大的物种灭绝时代。

人类饥荒

· 我们生产了足以喂饱 100 亿人口的粮食，但全球畜牧业动物要吃掉至少 50% 的谷物。

· 世界上所有人口每天吃掉 950 万吨的食物。

· 世界上所有牛只每天吃掉 612 万吨的食物。

· 全世界每年约有 600 万儿童因饥饿而死去，每 5 秒就有 1 名儿童死去；

　每 1 天超过 8.7 亿人在忍饥挨饿，每 7 个人中就有 1 个人没有饭吃。

100 000 000 000

9 500 000

6 000 000

6 120 000

50%

用温柔的方式撼动世界

印度圣雄甘地曾说过："用温柔的方式，我们可以撼动世界。"想要逆转所有环境问题和麻烦，我们不需要流血打仗，我们只需要把动物从我们的餐盘上撤下来！没有什么是 1 顿素食解决不了的，如果不行，那就 2 顿！

如果有 1 个人成为纯素食者，那么每 1 天就可节约 3785 升水、20 千克谷物、3 平方米森林，减少 9 千克二氧化碳排放，以及挽救 1 只动物的生命。

如果所有人都可以成为纯素食者，那么我们可以使至少 80% 的牧场变回草原和森林，那里将重新变成野生动物们的栖息地，温室气体也将不再成为一个威胁气候变化的问题，那些每天在忍饥挨饿中度过的 10 亿人类同胞也将就此得救……

如果食物被赋予了这么大的力量，那么食物就是一把解决环境问题和通往未来的钥匙。如果我们从现在开始改变饮食方式、改变对待食物的态度，就可以用这把钥匙力挽狂澜，为环境、为动物、为人类、为地球写上最精彩的续篇。

Climate

Water

Environment

Human

Animal

Famine

Extinction

花点心思，比肉更馋人

编辑＆图 / 张小马 食谱 / 汤玉娇

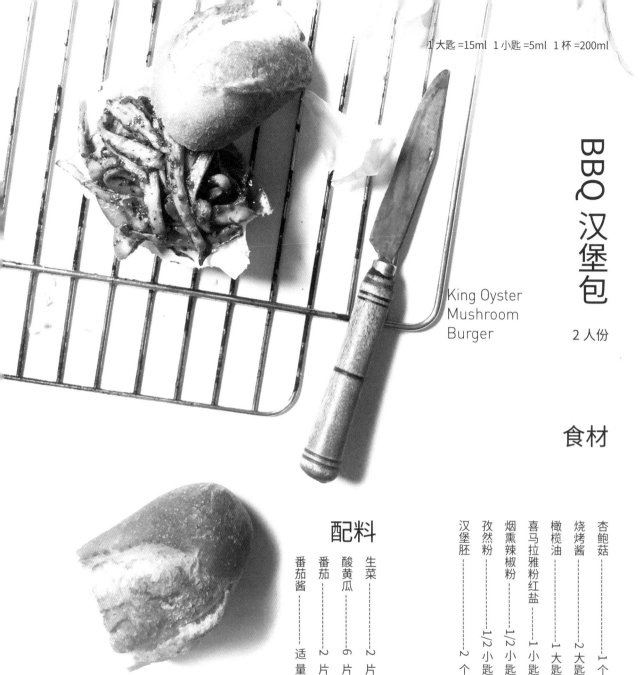

BBQ 汉堡包

King Oyster
Mushroom
Burger

2 人份

食材

杏鲍菇 ------- 1 个
烧烤酱 ------- 2 大匙
橄榄油 ------- 1 大匙
喜马拉雅粉红盐 ------- 1 小匙
烟熏辣椒粉 ------- 1/2 小匙
孜然粉 ------- 1/2 小匙
汉堡胚 ------- 2 个

配料

生菜 ------- 2 片
酸黄瓜 ------- 6 片
番茄 ------- 2 片
番茄酱 ------- 适量

做法

1. 洗净杏鲍菇,用手撕成不规则的细条,撒上橄榄油、喜马拉雅粉红盐、烟熏辣椒粉、孜然粉,用手抓匀。

2. 将杏鲍菇放进烤箱,180℃烤 30 分钟后,取出。

3. 锅里倒入适量橄榄油,放入烤好的杏鲍菇,加入烧烤酱,翻炒均匀后盛出备用。

4. 汉堡胚稍加热,切开,上下两片分别涂抹上番茄酱。在一片汉堡坯上放上生菜、烤好的杏鲍菇, 另一片汉堡坯上放上酸黄瓜和番茄片,组装即可。

豆腐鳗鱼饭

Japanese Tofu

2 人份

一

食材

北豆腐 ———— 100 克
小麦粉 ———— 30 克
海盐 ———— 少许
寿司海苔片 ———— 1 张
白芝麻 ———— 1 小匙
植物油 ———— 适量
糙米饭 ———— 2 碗
西蓝花、胡萝卜片 ———— 几朵 (装饰)

酱汁

甜料酒 ———— 2 大匙
天然酱油 ———— 1 大匙
蔬菜高汤 ———— 1/3 杯
米酒 ———— 1 大匙 (可省)
葛根粉 ———— 适量

做法

1. 北豆腐清洗一下，隔着纱网沥水 2 小时，随后用手掰碎或者用刀背碾碎，尽量细腻，加入小麦粉和海盐混合均匀。

2. 将寿司海苔片稍微在火上烤出香味后剪成 6 份，撒上少许小麦粉以防粘连。用刀背将步骤 1 中混合好的豆腐放在海苔片上，用小刀刻上鳗鱼的纹路。

3. 锅中加入植物油后加热至 175℃，将豆腐放入锅中炸至表皮金黄，即可捞出。

4. 葛根粉加水调成糊状。准备鳗鱼饭汁，将酱汁食材混合后，倒入锅中煮沸，随后放入葛根糊勾芡至浓稠。

5. 盛一碗糙米饭，放上做好的豆腐鳗鱼，撒上酱汁，放上几朵过水的西蓝花和胡萝卜片，最后撒上白芝麻，即可享用。

食材

葱花（装饰，可省）————适量
植物油————适量
姜末————适量
莲藕————1/2 节
油条————2 根

糖醋汁

水淀粉————适量
温水————少量
蔗糖————1 大匙（可省）
醋————4 大匙
甜料酒————1 大匙
老抽酱油————1 大匙
天然酱油————2 大匙

糖醋排骨

Sweet and Sour Spareribs

做法

1. 将单根油条切成小段，莲藕切成手指粗细，约 3~5cm 长的条，比油条段略长即可。将煮熟并沥干水分的莲藕条插入油条段中，备用。

2. 热锅，倒入少量植物油作为底油，将糖醋汁的所有配料在碗中调和均匀至蔗糖融化，倒入锅中加热煮沸，随后加水淀粉勾芡至浓稠。再倒入步骤 1 中的莲藕油条段，马上起锅，撒上姜末、葱花，即可。

TIPS

油条如果是早餐时剩下的，可以稍微烤或者煎一下，以保持油条的爽脆感，出锅后趁热吃口感更佳。

蓝莓奶酪生食蛋糕

食材

蛋糕底

生巴达木 ——— 80 克
生腰果 ——— 40 克
可可粉 ——— 20 克
去核椰枣 ——— 100 克

腰果奶酪

生腰果 ——— 200 克
饮用水 ——— 70 克
枫糖浆 ——— 80 克
椰子油 ——— 80 克
柠檬汁 ——— 10 克
香草精 ——— 10 克
大豆卵磷脂 ——— 6 克
海盐 ——— 1 克
柠檬皮屑 ——— 少许（可省）
新鲜蓝莓 ——— 适量

做法

1. 生巴达木、生腰果提前浸泡一夜，滤水后用搅拌机打碎，加入去核椰枣、可可粉一起搅打至颗粒状，放入模具底部，按压紧实、平整，放入冰箱冷藏。

2. 将腰果奶酪中的所有食材（除柠檬皮屑、蓝莓）放入破壁机，高速打至细滑，最后放入柠檬皮屑混合均匀。

3. 从冰箱中取出步骤 1 中的蛋糕底，倒入步骤 2 中制作好的腰果奶酪，将其表面抹平后，放入冰箱冷冻 4 小时。

4. 从冰箱中取出蛋糕，用热毛巾快速加热一下蛋糕模具，按压模具边缘脱模。

5. 在蛋糕上点缀上蓝莓，即可。

TIPS

步骤 3 中，在倒入腰果奶酪的时候可以加入一些完整的蓝莓，以增加口感。

牛油果香蕉冰淇淋

食材

艾草豆乳冻

艾草粉（或抹茶粉）————— 1 大匙

木薯粉 ————— 1 大匙

蔗糖 ————— 40 克

豆乳 ————— 200 克

冰淇淋

熟牛油果 ————— 1 个（去核，取出果肉）

香蕉 ————— 3 根（去皮，切段，冷冻）

艾草豆乳冻 ————— 5 个

巧克力饼干碎（或奥利奥饼干碎）————— 2 块

可可粉 ————— 适量（可省）

薄荷叶或水果 ————— 适量（装饰）

做法

1. 制作艾草豆乳冻，将所有食材混合均匀后，放入锅中加热，搅拌至糊状，倒入冰格，放入冰箱冷冻过夜。

2. 将所有食材，包括冷冻好的艾草豆乳冻，放入破壁机打至黏稠状，拌入巧克力饼干碎，放入冰箱冷冻 2 小时至冻硬。

3. 取出冻好的冰淇淋稍放置 5 分钟，用冰淇淋勺舀出球状放入杯子中，表面撒上少量可可粉，装饰上薄荷叶或水果即可。

TIPS

如果想要更加细腻的口感，可以模仿冰淇淋机的方法，把冷冻好的冰淇淋再次放入搅拌机搅拌，然后再次冷冻，反复 2~3 次即可。

慢下来，去觅食

超 越 有 机 餐 桌 ， 开 始 生 态 饮 食

编辑 / 张小马 文 /NINI

冷淡的番茄

我记得小时候，母亲炒菜只用一个番茄。不管是番茄炒土豆丝还是番茄炒圆白菜，都挺好吃的。长大以后，我用番茄做菜总觉得味道不够浓郁，便习惯在家里囤一些整粒番茄罐头，因为我发现日晒充足产区的番茄更好吃。其实，长辈也时常说："番茄没有小时候的味道了。"尤其在生吃的时候，这种抱怨更多。

你看，我怀念的是 20 世纪 80 年代的番茄，长辈怀念的是 20 世纪 60 年代的番茄。

塑料的甜椒

你有没有觉得超市里的甜椒很像塑料玩具：1 红 1 黄 "CP 组合"，绚丽的颜色，一模一样的外表，硬硬的手感，似乎掉地上也不会摔坏。但是你不知道，甜椒可以是丑的，也可以比现在的味道浓郁得多。2013 年在毛里求斯的一个普通菜市场里，我碰到一个意大利朋友，聊到爱吃的东西时他说到了小时候吃的烤甜椒。他的形容是 "小时候"，而不是 "某餐厅的"。原因是长大后当地不再种植甜椒了，而是全部依赖进口，就再也没有了小地区老品种的那种味道。

着急的土豆

我的一个拿手菜是 "西蓝花浓汤"。有一次，朋友（不是纯素者）来家里吃饭，品尝夸赞以后才知道这不并是奶油汤，其实就是用土豆打底而已。但是有一次我做失败了，原因是土豆不给力——颜色像白纸，喝起来像浓稠型白开水……我心里想，这土豆忘了长出味道，就着急地长大了！

2017 年我在"素食星球"公众号上写过一篇支持有机蔬菜的文章，从食物的角度帮助大家理解"为什么有机蔬菜值得进入我们的生活"。那时候我的面前是张餐桌。而今天，我的面前是令人忧心的地球。不同的视角有什么样的区别？

对化学农业说 NO

我们的生活浸泡在化学中，农业更是如此。自从 19 世纪 40 年代人类发明化学肥料以后，现代农业在非自然化的方向上就更加顽劣了。化学农业促进了非有机成分的开发，让我们的土地开始吃"氮／磷／钾化肥快餐"，植物快速长大而营养却一年不如一年（可以参考《中国食物成分表》的数据变化）。就好比每天吃 SAD（美国标准饮食）美式快餐"虚胖"起来的孩子们一样。

就这样，现代农业使土壤生病了。生病的土地无法完成使命——生长出滋养我们的果实。

2500 年前，"医学之父"希波克拉底说："如果食物治愈不了的疾病，药物也无济于事，食物可以成为药物，但药物永远无法成为食物。"

食物在任何文化中都具有医疗的功效，即使是非常原始的文化。可是，如果我们改变了食物呢？

化肥使植物营养下降，农药使流行疾病加剧。

一项研究评估，在美国，每年因农药引发的癌症新病例达 10 000 例，致使鸟类死亡 7000 万只，非霍奇金淋巴瘤增加了 2~8 倍；另一项 14 万人参与的跟踪调查表明，帕金森氏症的发病率增高也和患者在 1982 年以前接触过杀虫剂或除草剂有关。

觉察到健康危机的人们开始发展有机农业，用先进的技术和严苛的标准来确保我们远离人工化学品。这是好事情，不过，我想我不得不给有机农业加上"现代"两个字——现代有机农业，这样将更为严谨。

美国农业物理学之父 F·H·King 在他的著作《四千年农夫》中，描述了中国农民如何将人类废弃物回归耕地的原生态农耕方式。

事实正是如此，几个世纪前的东方农田，没有闲置的土地，也没有浪费的资源，我们的祖先有足够的智慧以天然有机的方式进行农业生产，并且这样的有机农业历史长达 4000 多年。

如今，我们却要从国外引进有机农业技术。技术虽好，但其本质上仍然是大规模、高成本、集约化的现代农业。

正如印度生态学家 Debal deb 所说："现代农业及畜牧业的发展促成了大自然的简单化和效率化，采取少数作物密集种植，消灭生物多样性、摧毁了生态系统。"

这就是为什么我去参观大型有机农业种植基地可以得到安全营养的食物的原因，不过呢，它们一个个乖巧得像工厂流水线上的食品；这同样能解答为什么中国几乎是有机认证标准最严格的国家之一（以前这样说很多人是不相信的），因为欧盟国家已经开始反思西方有机技术，相反地向东方借鉴古老的自然农法经验，并有意把农业的方向调整为生态永续。

真正的有机农业专家就是大自然啊！我们在自然耕种中遇到的问题，大自然都可以解答：

为什么大自然的土壤可以抵抗酸雨的污染而人为的农田却产生盐类聚集？
因为土壤中的微生物可以净化酸雨中的酸性物质，我们却用抗生素和农药破坏微生物菌群。

为什么大自然可以单一作物连续耕种而人工农田必须轮作耕种？
因为我们不懂得落叶归根的道理，而把残叶看作病虫害的温床。

为什么大自然不需要繁琐难懂的"发酵施肥"？
因为大自然只是利用厚厚的落叶就能做到"生施肥"和"表层施肥"。

为什么大自然没有污染环境的塑料大棚？因为我们本来就应该采摘应季的食物。

所以，为什么现代有机农业要舍本求末呢？

从食物角度，我们仍然要选择有机食物保护自己；从生态角度，希望 20 年后的生态农业实现真正的回归，接近道法自然的状态，用土地疗愈身心。

SPRING
SUMMER
AUTUMN
WINTER

让食欲也有春夏秋冬

科技虽然发达，但无法复制一个秋天的石榴或是一把夏天的紫苏。化学肥料终究不能代替太阳能，不能弥补季节的更替，以及天地日月的能量浇灌。选择应季、应地的作物可以减少有机农业消耗品对环境的污染，以及以城市为中心的饮食模式消耗在运输环节上的能源。

举个例子，同样是有机食品，一盒从数千米外运到超市里上架的有机沙拉，就不如本地良心小农在有机市集上出售的散装丑菜更加环保。

何况，我们的祖先自古就精通四季蔬果的保存技能。果酱、泡菜、发酵、香草油……它们的滋味不亚于商店里售卖的填满防腐剂的加工食品。为什么不把"四季"储存起来呢？

享用有机蔬菜，支持小农耕种，了解自然规律，开始生态饮食，做一个有责任感、有态度的美食家。

二十四节气适宜吃的蔬果参考表

应急蔬果味道正、营养膏，更环保，所以要跟上四季的节奏抓紧享用！一些传统的保存方法（比如春天的甜菜根泡菜、夏天的玉米罐头、秋天的栗子酱、冬天的柿子醋……）可以把当季吃不完的蔬果保存起来，帮助我们实现蔬菜多样化、避免反季节种植出来的食物。

TIPS

● 除了以下建议以外，你还可以参考所在城市周边的生态农场（采用自然农法种植的有机农场）的采收规律，而不是参考菜市场和超市的。

● 从健康角度来说，不要选择食用温室大棚中的反季菜；从生态角度来说，有些有机种植基地使用塑料大棚只是用来调节空气质量，并不用来加温，但是塑料材料本身也是不可降解的，因此对环境不利。

立春 - 雨水

二月 / February

白萝卜
各种芽菜
大葱
油麦菜
木耳

惊蛰 - 春分

三月 / March

洋葱
芥菜
魔芋
韭菜
春笋
马齿苋

清明 - 谷雨

四月 / April

桑葚
艾草
香椿
枇杷
莴笋
银耳
番茄

立夏 - 小满

五月 / May

蚕豆
红苋菜
苦瓜
芦笋
蒜薹
洋蓟

芒种 - 夏至

六月 / June

杨梅
空心菜
茼蒿
西葫芦
豌豆
青椒
辣椒

小暑 - 大暑

七月 / July

荔枝
荷叶
茭白
毛豆
苦瓜
紫苏
西蓝花

立秋 - 处暑

八月 / August

丝瓜
冬瓜
茄子
玉米
黄瓜
罗勒
秋葵

白露 - 秋分

九月 / September

土豆
芋头
红薯
山药
南瓜
木瓜
山楂
柚子

小寒 - 大寒

一月 / January

白菜
胡萝卜
香菇
柑橘
小白菜

大雪 - 冬至

十二月 / December

冬笋
各种蘑菇
生姜
菠菜
菊苣

立冬 - 小雪

十一月 / November

油菜
花椰菜
芹菜
卷心菜
抱子甘蓝

寒露 - 霜降

十月 / October

石榴
栗子
菊花
柿子
莲藕
荸荠
梨
苹果

拯救食物大作战

编辑 / 张小马 文 / 左诗钰 Megan Miao

某次与朋友吃火锅，见到旁边的情侣点了一个蔬菜拼盘。女生拿起筷子，一边娇嗔地说："不喜欢吃秋葵"，一边把一根新鲜且带着水珠的秋葵扔在了桌子上。

曾几何时，小秋葵与其他兄弟姐妹一起破土而出，在阳光雨露的呵护下渐渐成熟，逃离了烂在地里的命运。不久后被农夫采摘下来，运送到城市里，再经过层层选拔，被火锅店的采购员选走。在火锅店它又战胜了一众不够新鲜的秋葵，选入了蔬菜拼盘的队伍。仿佛南太平洋上的格列佛，历经磨难才来到食客的眼前。

可现在我已经预见到了这根被扔到桌子上的新鲜翠绿的秋葵半个小时后的下场——被服务员当着客人的面扔进残羹冷炙里一起收掉，以此证明"我们可没有进行二次销售"。

生活在城市中的我们早已不把温饱问题放在心上了，对于食物的追求也早就从"填饱肚子"变成了"想吃什么就吃什么"，甚至是"不想吃扔掉就好了"。但世界上仍有数亿人在为最基本的果腹而发愁。

我不知是该为这根秋葵悲哀，还是为人类悲哀。

这根秋葵与跟它一路成长过来并被抛弃的同伴们有一个共同的名字——剩食。把它们加起来，每年数量竟高达 13 亿吨。下面，我们就来谈谈剩食。

剩食是如何"剩"下来的？

1. 全球有许多同样有营养、可食用的蔬果，只因为形状、颜色比较特别，不符合"标准"而被列为"次品"，无法进入市场，被扔在土地里直至腐烂。

2. 因缺乏设施及技术，很多食物在运输、加工和储存的过程中被损坏。

3. 标准化的产品加工为了方便包装、运输和减少人工成本，对食品的形状和大小均有具体要求，被削去的部分就沦为了垃圾。

4. 有些餐厅和超市对食物需求量估计过多而导致食物浪费。

5. 买回来的食物放到过期也想不起来吃、做菜时又因做得太多而导致食物浪费，很多人去餐厅点菜太多，吃剩了的食物被直接送进了垃圾桶。

WASTE

剩

一组关于剩食的数字

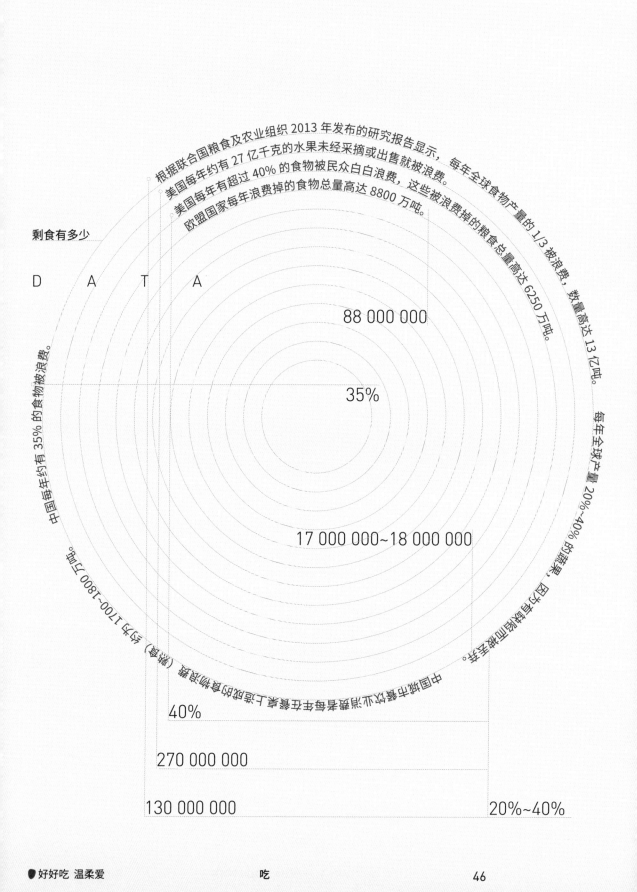

剩食有多少

D A T A

根据联合国粮食及农业组织 2013 年发布的研究报告显示，每年全球食物产量的 1/3 被浪费，数量高达 13 亿吨。

美国每年约有 27 亿千克的水果未经采摘或出售就被浪费。

美国每年有超过 40% 的食物被民众白白浪费。

欧盟国家每年浪费掉的食物总量高达 8800 万吨。

88 000 000

35%

17 000 000~18 000 000

中国每年约有 35% 的食物被浪费。

中国城市餐饮中，仅餐桌上浪费的食物蛋白和脂肪（折算）约为 1700~1800 万吨。

中国每年生产不合格蔬菜，因为被丢弃而造成浪费，约占蔬菜产量的 20%~40%。

每年全球产量 20%~40% 的蔬菜，因为外观问题被丢弃。

40%

270 000 000

130 000 000

20%~40%

ECONOMICA

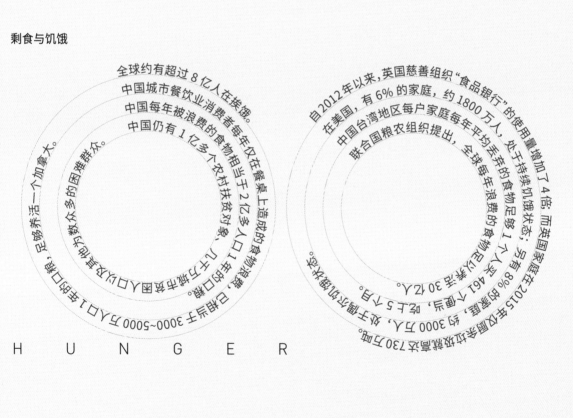

全球每年食物浪费总量约为 7500 亿美元。

中国每年食物浪费价值高达 2000 亿人民币。

在美国，食品垃圾占 GDP 总量的 1.3%。

美国人 1 年浪费的食物高达 1650 亿美元，相当于每个美国人每年浪费 500 多美元的食物。欧盟国家每年浪费掉的食物相当于 1430 亿欧元。

$7 500 000 000 000	
$2 000 000 000 000	
1.3%	
€1 430 000 000 000	
$1 650 000 000 000	

剩食与饥饿

全球约有超过 8 亿人在挨饿。

中国城市餐饮业消费者每年仅在餐桌上造成的食物浪费。

中国每年被浪费的食物相当于 2 亿多人口 1 年的口粮。

中国仍有 1 亿多个农村扶贫对象，相当于 3000~5000 万人 1 年的口粮，足够养活一个加拿大。

自 2012 年以来，英国慈善组织"食品银行"的使用量增加了 4 倍，而英国家庭在 2015 年仅浪费的食物足够 1 个人吃 461 个便当。

在美国，有 6% 的家庭，约 1800 万人，处于持续饥饿状态；另有 8% 的家庭，约 3000 万人，约 1 天 5 个月。

中国台湾地区每户家庭每年平均丢弃的食物达到 730 万吨。

联合国粮农组织提出，全球每年浪费的食物可以养活 30 亿人。

H U N G E R

全球每年已生产出却未被食用的粮食所消耗的水量相当于俄罗斯伏尔加河年流量的 3 倍。 从未食用的食物占全球淡水消费量的 25%。 每年投入到农业生产的 14 亿公顷地表水和 2500 亿立方米地下水被白白浪费。

剩食与资源浪费

R E S O U R C E

剩食与温室效应

G R E E N H O U S E   E F F E C T

全球每年已生产出却未被食用的粮食向大气中排放的温室气体高达 33 亿吨。如果把食物浪费看作是一个国家，它在没有氧气的情况下会分解并产生甲烷（二氧化碳的第三大温室气体），它的温室气体排放量仅次于中国和美国的第三大温室气体排放国。

如果消除所有的食品废弃物，等于减少了道路上 1/5 的车辆。（垃圾填埋场的主角就是食物垃圾），

当食物垃圾进入垃圾填埋场时

中国台湾地区每人每年仅丢弃食物时，就会排放 400 千克碳。

我们总认为自己并没有那么浪费，但其实有很多食物浪费的情况都发生在我们身上。

·比如，我们出去吃饭总是点过多的菜，吃不完又不好意思打包，到最后剩菜只能随着市政垃圾车长途旅行。

·比如，我们会一口气买下太多食物，放进冰箱直至过期腐败也未能吃光，只能扔掉。

·比如，我们对食物的过分挑剔也会造成食物浪费——你有没有发现，长相特别的蔬菜、水果越来越少了？不是它们没有了，而是它们在登上餐桌前就已经被PASS掉了。

但是，长相别致的蔬果一样可以新鲜、有营养，一样可以直接食用，谁说用餐也一定要看食材的"颜值"呢？而且就算颜值低也一样可以拿来炖菜、榨果汁、做酱料，做成美食后谁还会在乎它们以前的样子呢？当我们再次面对食物的时候，是不是可以做出一点不一样的改变呢？

·在外用餐量力而行，只点自己能够吃完的，吃不完的食物打包。如果菜品里有自己不喜欢的食材，直接告诉服务员不要添加。

·理性购物，去超市只买近期能吃得完的东西。

·厨余垃圾可以拿来做酵素和堆肥。

FIGHTING

让我们为食物而战

如今，剩食的问题已经引起世界各国的重视。政府、企业、民众也开始使用各种办法来解决剩食问题，合理分配食物资源。

翻页即阅

01.FareShare

FareShare 是英国最大的反饥饿与反食物浪费慈善机构，当他们目睹了国内的饥饿人群时便随即找到了解决办法，那就是重新分配食物，把剩食变成美食。2017 年，他们拯救剩食超过 13 552 吨，跨越英国 1300 个城镇，帮助了 6273 个慈善机构，并提供了 28 600 000 顿饭菜，每周都帮助近 50 万个饥饿的人。

糙米 BROWN RICE

02.OZHARVEST

澳大利亚的 OZHARVEST 组织每年都会帮助 1300 个慈善机构，拯救约 5780 吨剩食，并用 41 辆可爱的黄色餐车免费分发超过 1700 万顿饭菜。2017 年，OZHARVEST Market 正式营业，成为澳大利亚首家剩食超市。在这里，任何人都可以免费拿走自己所需，同时也鼓励人们将自己当下不需之食给予他人。

03.IKEA 宜家

IKEA 宜家既是全球第一大家具零售商，同时又经营着全球最大的餐饮链之一。然而，每家商场的日食品废弃量约为 110 千克，相当于 5000 个瑞典肉丸的重量。为了降低食物废弃量，IKEA 宜家于 2015 年在英国两家商场进行食品废弃物观察设备试用，并于 2016 年 12 月开始向全球推广。截止 2017 年 5 月，全球已有 20% 的商场采用该设备，减少了近 36 287.4 千克食品废弃量。食品废弃量减半是 IKEA 宜家 2020 年的目标之一。

04.HUNGRY HARVEST

HUNGRY HARVEST 是美国一家从农场直邮到家的蔬果商。他们相信每一个蔬果都有被吃掉的权利，即使是丑果也不应被浪费。他们让客户自选种类，把丑果打包进蔬果盒子，并以低于市场价 20%~40% 的价格出售。这样一来，每运送一次就能减少约 4.5 千克的食物浪费。从 2014 年至今已减少了超过 226 万千克的食物浪费。

Thank you for being a part of our family & part of the solution.

GETTING TO KNOW YOUR FOOD

糙米 BROWN RICE

05. 素食星球

向来提倡"可持续纯素生活方式"的素食星球，在 2017 年发起了"好好吃，不浪费，温柔爱"的公益活动，他们联合国内数家素食平台，在北京、上海、广州举办了多场丑果盛宴。他们用被人嫌弃的丑果制作美食，无论是味道还是造型都带给了食客无限惊喜。他们的合作伙伴之一半亩私家农场，因此大受启发，推出了丑果蔬菜箱，以低价销售出了 200 份，短短时间便拯救了无数食物。

像这样的组织或活动其实还有很多。欧美国家开始推广"食物分享计划"，日本利用人工智慧减少浪费，中国香港地区有"食德好"食物回收团队，美国、中国台湾地区等地有了时尚的剩食餐厅，上海也出现了中国首台"分享冰箱"。在法国的超市里，出售"丑果"已经成为了一种新时尚。美国的 Whole Foods，加拿大的 Loblaws，英国的 Hannaford 等大型超市，都加入了剩食运动，大力倡导人们减少食物浪费。Tesco 超市承诺在 2018 年 3 月之前结束食用垃圾。中国香港地区还有一位食物设计师 Eric 用剩食染色做出了美丽的布包甚至旗袍……

拯救食物，让我们从每一餐开始！

一粥一饭当思来之不易，
半丝半缕恒念物力维艰。

厨余

变

变

变

编辑/张小马 文/左诗钰

你知道吗，"厨余垃圾"也是一种剩食。即使我们在做饭、吃饭时已很注意节约了，但还是会产生蔬果皮等厨余垃圾。厨余垃圾如果处理不当就会产生各种污染，因此也成为了众多环保人士持续关注的问题。

其实，厨余并不是"垃圾"，而是还没有物尽其用的宝藏。下面我们就一起来学习如何将厨余垃圾变废为宝，让我们把家里的厨余垃圾好好利用起来吧!

厨余变变变之环保酵素

近几年，酵素越来越流行，市面上有很多各种功能的酵素产品在售卖。我们在家也可以用多余的蔬果皮制作成环保酵素，完美解决剩食问题。

制作材料

红糖、蔬果皮、水、有密封盖的塑料瓶（废弃饮料瓶）

制作比例（重量）

红糖：蔬果皮：水 =1：3：10

制作步骤

1. 向有密封盖的塑料瓶内，加入占容器 60% 的水（以容量为 1000 升毫的瓶子为例就是 600 升毫水）。

2. 把相当于水重量 10% 的红糖倒入塑料瓶内，并搅拌均匀（以重量为 1000 克的瓶子为例就是 60 克红糖）。

3. 把重量于红糖 3 倍的蔬果皮（蔬菜叶、水果皮等植物残余），用剪刀或刀切成刚好放入瓶盖大小的小碎片，投入瓶内（以重量为 1000 克的瓶子为例就是 180 克果蔬皮）。

4. 拧紧瓶盖，贴上日期。

5. 第一个月需每日稍微打开瓶盖以排放出气体，防止气体过多导致爆炸。

6. 3 个月后，通过滤网过滤掉酵素渣，将酵素水和酵素渣分装在不同的容器里，制作完成。

TIPS

1. 由于发酵的过程中会产生气体，因此必须使用塑料瓶。若使用玻璃瓶会有爆炸的可能。

2. 如果制作时蔬果皮的量不够，可以将红糖、水比例调好后，每天继续向瓶内加入蔬果皮，并准确记录每天投放的量，直到加够蔬果皮的量为止。从加满当天起，3 个月后就制作完成啦。

3. 如果不喜欢都是由蔬菜做出来的酵素味道，可以准备橘子皮、柠檬皮等自带香味的果皮添加在原有酵素里，即可改善酵素味道。

4. 建议用新鲜的蔬果皮制作酵素。

5. 酵素渣可以埋在土里堆肥，能够改善土壤的肥力。

6. 酵素渣和碱浸泡后可以清理油烟机的重油污。

环保酵素的用途

1. 家居清洁

将清洗液、环保酵素、水以 1：1：5~10 的比例稀释后，能祛除异味、霉菌、尘垢、油污等，是做家务时的好帮手。

2. 宠物保养

将环保酵素原液加水稀释至 500 倍后，就能祛除宠物身上的异味，还能减少寄生虫的生长。

3. 个人卫生

环保酵素中含有醋酸与益生菌。在洗头、沐浴、洗衣时，加入稀释的酵素液可以分解和消灭对人体有害的微生物，能清洁个人卫生并达到保养的效果。用环保酵素泡脚能排出重金属、环境荷尔蒙和毒素等。

稀释比例：洗发水（沐浴露）：酵素：水 =1：1：5

4. 烹调料理

环保酵素加入水后浸泡蔬菜、水果能祛除农药、重金属、细菌、寄生虫卵等。蔬菜切开后，继续泡在酵素水中，待烹调时再取出，可令蔬菜在炒煮后保持颜色青绿且美味。同样，水果味道也会更香甜。

方法：1kg 水 +2 汤匙环保酵素，浸泡蔬果至少 15 分钟以上。

5. 天然的肥料

酵素是天然的肥料，能改善土壤环境，增强肥力。

6. 洁净排水系统

将酵素原液和酵素渣倒入下水道等排水系统，可防止水管堵塞、分解污水污泥、净化河流和海洋，还能有效地分解油脂及人工化学污染物，达到净化环境的效果。

7. 减少垃圾污染

丢弃的厨余垃圾会释放甲烷废气，这比二氧化碳所导致的地球暖化的程度高 21 倍。把厨余垃圾做成环保酵素，能减轻社会处理垃圾的负担及费用。

厨余变变变之堆肥

如果你喜欢自己动手种植一些花花草草、水果蔬菜，那么用厨余做废料会是一个不错的选择。

厨余堆肥方法一：厚土种植法

制作材料

种植盆

种植土

碳元素材料：干枯的落叶，旧报纸及其他纸资源（撕碎）

氮元素材料：未干燥的厨余垃圾，以及未干枯的落叶

制作比例

碳元素材料：氮元素材料 =1：15

制作步骤

将纸撕成小碎片掺在土里，在盆底铺上一层土，然后铺上一层厨余垃圾，浇水湿润，再铺上一层土；接着依次铺上一层落叶、水，一层厨余垃圾，一层土。

TIPS

1. 浇水是一个很重要的步骤，因为水到达一定的湿度后，肥料才能够发酵、腐烂。所以每一层都得浇水，让它达到一定的湿度。

2. 纸一定要撕碎，厨余垃圾也要尽量切碎，这样腐烂速度更快。

3. 堆肥过程中水分的控制检验：可以向盆深处抓一把肥，用力握拳，若刚刚有一滴水滴出来，那么此时整个土壤中的水分就是正好。

厨余堆肥方法二：堆肥桶堆肥

如果家中厨余垃圾太多，用厚土种植法仍然有厨余，则可以选择用堆肥桶自制肥料。

制作材料

堆肥箱

落叶

厨余垃圾

制作比例

落叶：厨余垃圾 =1:1

制作步骤

1. 向落叶、厨余垃圾上浇水，要把落叶浇湿，然后把两者混合后放在堆肥桶里。

2. 4 天后开始第 1 次翻堆，翻堆是为了加速堆肥的分解，翻完后盖上盖子。

3. 静置 1 个月或者 2 个月后，再进行一次翻堆即可。

TIPS

1. 夏天温度较高，一般 3~4 个月就可以完成一次分解全过程，冬天一般需要半年时间。堆肥发酵分解完成之后，就变成真正的黑土了。

2. 我们日常中的纸屑、落叶都可以充当碳材料，但注意不要掺杂任何塑料制品。

3. 不必等到所有厨余垃圾凑在一起才堆，可以每天扔一点厨余垃圾进去，扔满之后再进行发酵。

ECO-FRIENDLY

ECO-FRIENDLY

GETTING TO KNOW YOUR FOOD 糙米 BROWN RICE

零废弃野餐基础指南
Let's Zero Waste Picnic!

编辑 / 张小马 文 /Elsa Tang 食谱 / 汤玉娇 图 / 何璐

在一个明媚的午后，约上三五好友，来到户外，和大自然亲密接触，享受阳光与微风，来一场 Zero Waste Picnic，除了快乐，什么都不留下！

兆选合适的场地

野餐的场地有很多选择，城市郊外的山间小溪旁、海边的沙滩上、湖边的大树下……摊开一张野餐垫，就可以享受一个下午的慢时光。

若是不想提着大包小包去很远的郊外，市区内的公园也是不错的选择。闹中取静，找一处空旷的草地席地而坐，也能把都市的喧嚣暂时抛开。

又或者，约在某个胡同小院的楼顶天台，微风、音乐和远处的车流声尽收耳畔，换一个角度感受这座城市。

备齐零废弃餐具

零废弃野餐与普通野餐最大的区别，就在于其需要想尽一切办法减少垃圾产生。想要避免用完就扔的一次性制品，不妨提前准备一些可以重复使用的餐具：

·饭盒：大部分的食物都可以装在饭盒里，形状规整的饭盒也非常方便携带至野餐现场。饭盒内可以装蛋糕、饼干、零食等，可以拌沙拉，还可以用来打包最后没有吃完的食物。

·棉布袋：用于装面包、水果，但要注意这些食物不要被挤压到。

·玻璃瓶：用于装自制饮料，也可以提前去啤酒屋买好散装啤酒带到现场。

·杯子：别再用劣质的一次性杯子了，每个人都带上自己的杯子，也不会弄混而拿错别人的杯子。

·餐具：选择可以重复使用的餐具代替一次性餐具。

·手帕：代替纸巾。

·餐垫

·餐篮

少不了的好吃的好喝的

野餐当然少不了好吃的好喝的！野餐的食物以简单易食为主，每人分头准备一些食物，在筹备阶段就已经可以提前感受到相聚的快乐！

主食： 面包、法棍、三明治、意面

甜点： 蛋糕、曲奇、巧克力

零食： 坚果、水果干、蔬菜干、卤花生毛豆、油浸橄榄

饮品： 果汁、冷泡茶、柠檬水、酸梅汤、咖啡、果酒、红酒、啤酒

水果： 本地且本季的新鲜水果，如果来自有机农场就更棒了

沙拉： 可以依次将调料、偏硬的食物（如豆类和黄瓜）、偏软的食物（如番茄）、绿叶蔬菜放入玻璃罐中

其他： 果酱、沙拉酱

开启有趣的活动

来参加零废弃野餐的一定都是期待拥抱更绿色生活方式的小伙伴，除了吃吃喝喝还需准备一些特别的互动活动，例如：

· **每人带一件闲置物品来交换：** 不再需要或不再适合的物品先别急着扔掉，试着为它找到下一任主人，继续发挥它的价值。

· **每人分享一个 Zero Waste 小技巧。**

· **举办一个简单易学的 DIY 工作坊。**

不能忘记的加分项

书籍、小乐器、蓝牙音箱更是不能忘记的加分项哦。当然，这取决于你挑选的场地，还可以带上帐篷、太阳伞和墨镜。为了拍照更美，来一把野花野草也不错！

野餐进阶食谱

没有什么比亲手准备的食物更能代表心意的了。如果时间充裕、厨艺精湛、信心满满，不如来挑战一下野餐的进阶食谱，让你的野餐更完美！

罗勒青酱三明治

luó lè qīng jiàng sān míng zhì

罗勒青酱

食材

新鲜罗勒叶	60 克
松子仁	40 克
生腰果	20 克
柠檬	1 个
啤酒酵母	1 大匙
小麦胚芽	1 大匙
大蒜	1/2 瓣（可省略）
初榨橄榄油	20 克
海盐	2 克
枫糖	1 小匙
黑胡椒	适量

制作方法

1. 将松子仁、生腰果在烧热的平底锅中稍微烤出香味，待表面颜色略微变化时取出备用。

2. 罗勒洗净，沥干水分；大蒜切碎。

3. 将除初榨橄榄油以外的所有食材放入破壁机中，以阶段式搅拌，每次搅拌时间不超过30秒。

4. 搅拌过程中，慢慢加入橄榄油，直到混合物变得顺滑即可。

三明治

食材

原味吐司	6 片
罗勒青酱	适量
黄瓜	适量
香蕉	适量
纯素奶酪	适量（可省略）

制作方法

1. 将原味吐司去边；黄瓜、香蕉切成圆片。

2. 在两片吐司上分别涂抹罗勒青酱，随后在一片青酱吐司上均匀铺满黄瓜片，另一片均匀铺满香蕉片。将两片吐司夹起，沿对角线切开即可。

TIPS

1. 罗勒青酱储存方法：装瓶后，封入一层橄榄油，可以在冰箱中冷藏一个星期。

2. 把剩下的吐司边切成方丁，抹上植物油或自制素黄油，撒上一些肉桂粉和白砂糖（肉桂1：白砂糖2），放入烤箱180℃烤 2~3 分钟，直至表面变硬、香气飘出即可。

3. 制作三明治时可根据口味选择自己喜爱的蔬菜和配料，就能制作出百变三明治！

抹茶红豆流心麦芬

红豆流心

食材

红豆	1 杯
饮用水	2 杯
海盐	少许
椰子花糖	适量
酒酿（或椰奶）	3 大匙
干桂花	少许

制作方法

1. 将红豆洗净后浸泡一夜，倒掉泡豆子的水，重新倒入饮用水（分量内），加入少许海盐，用高压锅加热 30 分钟，至红豆饱满绵密。再加入适量椰子花糖搅拌至糖融化，尝一下达到你喜欢的甜度，撒入干桂花。

2. 取一部分调好味的红豆和汤汁，倒入破壁机，加入适量酒酿（或椰奶），搅拌至顺滑。

3. 冷却后将红豆液体倒入冰块格子中，液体是顺滑浓稠、可流动的，将其冷冻成块。

mǒ chá hóng dòu liú xīn mài fēn

抹茶麦芬

食材

低筋面粉	400 克
泡打粉	30 克
小苏打粉	3 克
宇治抹茶粉	8 克
三温糖	150 克
印度黑盐（或海盐）	少许
生巴旦木	30 克
椰浆	350 克
橄榄油	80 克
红豆流心	适量

制作方法

1. 将生巴达木切碎，不要切得太小，备用。

2. 食材干湿分离。湿性材料（椰浆和橄榄油）与三温糖混合后，用打蛋器搅拌至浓稠乳化状态。干性材料（低筋面粉、泡打粉、小苏打粉、宇治抹茶粉、印度黑盐）混合并过筛后，倒入湿性材料，混合均匀。

3. 烤箱预热至 180℃，将上一步中的混合物倒入模具，先倒一半，塞入红豆流心，再倒入剩余的麦芬糊，至 8 分满，顶部撒上巴旦木碎，放入烤箱中层，烤 30~35 分钟。

4. 取出后放置 10 分钟，切开后会看到红色的红豆流心从绿色的抹茶膏体中流出。

TIPS

红豆流心一次可以多做些，多出的部分可以倒入冰棍模具中做成红豆冰棍。

小森林熊猫饭团

食材

糯米 --1 杯

饮用水 ----------------------------------220 毫升

生核桃仁 ------------------------------ 1/5 杯

天然酱油 --------------------------------1 大匙

味淋 -------------------------------------1 大匙

海盐 -------------------------------------3 克

天然海苔片 ------------------------------- 1 片

橘子皮 ----------------------------（装饰，可省略）

特殊工具

熊猫模具（可用剪刀代替）

制作方法

1. 准备：将糯米用饮用水（分量外）轻轻洗去
   表面杂物，浸泡 2 小时或者隔夜；生核桃仁浸
   泡后掰成小碎块；海苔片用熊猫饭团模具按出
   （或用剪刀剪出）眼睛、耳朵鼻子和嘴巴的样式；
   用橙子皮做装饰。

2. 蒸饭：倒掉泡米的水，倒入 120 毫升饮用水，
   放入掰碎的生核桃仁、天然酱油、味淋和海盐，
   稍稍搅拌，用电饭锅蒸 20 分钟，再焖 10 分钟。

3. 做熊猫：用饭勺翻拌煮熟的米饭，稍稍放凉
   至手可以捏成团；将米饭放入模具中做熊猫形
   状，或者用手握成椭圆形，放入盘中，在熊猫
   眼睛、嘴巴、耳朵的位置放上熊猫造型的海苔
   片，即可。

TIPS

1. 蒸饭的时候，如果家里用的是 40~60 分钟的
   蒸饭模式，则不需再焖 10 分钟。

2. 可以一次多做一些，将 2 天内吃完的量放在
   盒子中放入冰箱冷藏；剩余的可以冷冻，随吃
   随取，蒸热后即可食用。

味噌海苔脆

食材

天然海苔片 --------------------------------3 片

味噌酱 ------------------------------------ 1 大匙

酱油 -------------------------------------1/2 大匙

枫糖浆（或其他糖浆）--------------------1/2 大匙

白芝麻 ------------------------------------- 适量

水 --- 适量

制作方法

1. 将味噌酱、酱油、枫糖浆混合，慢慢加入水
   并搅拌，直至酱汁变得顺滑，保持可以挂在天
   然海苔片上的稠度。

2. 将上一步中的酱汁均匀地刷在天然海苔片上，
   撒上一层白芝麻。

3. 烤箱预热至 160℃，将海苔片放入烤箱烤制
   5~10 分钟，至海苔片微微翘起、变硬。

4. 取出后，放凉即可食用。

TIPS

如果想要更加健康，可以不添加糖浆或任何糖，
试试用苹果泥代替。

红宝石酸梅汤

食材

烟熏乌梅 ----------------------------------6 颗（约 26 克）

干山楂 ----------------------------------1 把（约 11 克）

洛神花 ---------------------------- 2 朵（约 0.6 克）

甘草 ---------------------------- 1 片（可省略）

饮用水 ---------------------------- 1.5 升

黄冰糖 ---------------------------- 100 克

干糖桂花 ----------------------------1 小把

制作方法

1. 将烟熏乌梅冲洗干净后，再浸泡 30 分钟以去除土味，随后将浸泡的水倒掉。

2. 将干山楂、洛神花、甘草倒入适量的饮用水中浸泡 30 分钟 ~2 个小时，直至泡出漂亮的红宝石色，将浸泡的水保留。

3. 将所有浸泡过的食材混合在陶锅中，倒入饮用水，煮开后，再用小火熬煮 30~60 分钟。

4. 出锅前 10 分钟放入黄冰糖至融化，关火，再放入适量的干糖桂花，放凉即可。

TIPS

1. 复熬：将第一遍熬煮的汤汁滤出，倒入 1 升的饮用水，重复步骤 3 和 4，并将两次熬煮的汤汁混合，放凉后即可。

2. 选购乌梅时，注意不要买成话梅，这是两个不同品种的食材；选用烟熏后的乌梅，其风味更独特。

3. 既然是饮品，水的选择也很重要，如果能选用山泉水或矿泉水则味道更佳。

RECIPES FOR ZERO WASTE PICNIC

活

Ke
v
・
i
ム

活

活

活

活

ep

活

ep Lif

活

KEEP LIFE ALIVE

糙米 BROWN RICE

Go
Awesome
Eco-Friendly
Shopping

走！去你的环保店！

编辑 / 张小马 文 / 小范 图 / 各店铺提供

Taipei

最赤裸的零包装杂货铺

日式极简和北欧风的装修风格，加上零废弃概念，等于台湾地区首家零包装食材店"裸市集 Naked Market"。

走进店内，所有食材都没有华丽的包装，面粉、糖豆、坚果等干性食材都整齐地装在透明的大玻璃罐里，而液体原料，比如糖浆、甜酒、油、醋，都密封装在瓶子里。这里主张回归食物本身，让大家感受食材最质朴味道的理念。此举还省去了中间的包装环节，避免不必要的开销和浪费。

裸市集选择小量上架，定期补充新鲜货品，店内原料一周内就能卖完，根本不必担心食品过期和安全问题。购买时用漏斗分装，再标注上购买日期就大功告成了。他们鼓励大家自带容器，也会提供可循环使用的梅森瓶，许多客人带回家后爱不释手，将这些高颜值容器开发出花样百出的新用途。

裸市集还定期举办烹饪工作坊，店主会指导大家用简单的食材做出美味料理，让许多人掌握不太拿手的西餐烹饪。他们还曾与本地餐厅合作，推出 Naked Bistro（裸餐酒）餐厅，年轻的厨师团队用半开放式厨房和平价食材为食客带来精致的异国料理。店内还售卖料理包组合，方便不愿做饭的懒人和厨房"小白"们。

裸市集 Naked Market
官网：https://www.facebook.com/nkdbistro/

Amsterdam

去图书馆"借阅"新衣服

"女人的衣柜里永远少一件衣服"，一句老掉牙的话，却能精准概括出既想拥有当季潮流单品，又不想让有限的衣柜堆满快时尚品牌的纠结心理。女性的爱美之心与极简生活间，似乎天生就存在难以调和的对立。位于阿姆斯特丹的这家二手服装店 LENA the Fashion Library 却完美调和了这一时尚难题。

回收衣服的想法其实并不新奇，但他们却将二手服装店打造成了潮流"图书馆"。只需一张会员卡，你就能像借阅书籍一样租借衣服。不仅能借到二手古着衣，还能优先体验独立设计师创作的最新款。会员卡采取积分制，不同衣服所需积分不同，定制款的积分稍微高一些，这也使得会员必须斟酌取舍，挑选最喜欢、最需要的衣服。如果你实在对某件衣服爱不释手，还可以享受内部折扣买回家。这家店如今还有网上商城，让租借衣服变得更加方便。足不出户，你挑选的衣服就能打包寄到家门口，到期只需将衣服装回箱子交给回收的工作人员，就可以预备去租下一箱衣服了。

你穿过的、不喜欢的衣服，也许是其他人渴望的单品，还有潜力成为店里的"借阅"热门。"现代女性，当然要打扮精致，又不造成浪费和污染。一卡在手，穿着无忧！"这样简单又环保的理念无疑会吸引更多时尚的姑娘。

LENA the fashion library
官网：http://www.lena-library.com

KEEP LIFE ALIVE 糖米 BROWN RICE

Los Angeles

文艺青年的年度必逛生活馆

要想成为合格的"文青"，洛杉矶至少得排进你旅行目的地的前三名。除了几天几夜都逛不完的展览馆，随便就能拍照留念的街头涂鸦墙，你也许还想去 POKETO 这家俏皮感十足的生活馆。

跳跃鲜艳的色彩，透明的玻璃幕墙，POKETO 用明亮、活泼的装修风格让顾客不自觉地轻松起来。Ted 和 Angie 是一对爱玩艺术的夫妻，他们于 2003 年创办 POKETO，秉承"生活即艺术"的理念，希望把更具审美的生活方式分享给更多人。从 2010 年起，他们推出了用各种废弃的旧材料（如西服、衬衫、二手皮革）制作的托特包大受欢迎。店里的礼品包装纸及所有纸制品都是可循环再利用的环保纸。POKETO 还常与 Nike、迪士尼这样的大牌合作，设计出更受年轻人欢迎的产品。

如今，他们已经在洛杉矶开了 3 家店铺，艺术品位一如既往地有保障。夫妇俩亲自和艺术家沟通，筛选出符合 POKETO 风格的设计，目前已打造出一个由 200 多位独立艺术家组成的社群，他们用前卫的艺术品给人们的生活带来不一样的色彩。

Poketo 官网：https://www.poketo.com/

巴塞罗那

Barcelona

独具匠心的家居大改造

巴塞罗那有一家特立独行的家居生活店 L'estoc，说它别具一格，并不是因为这里风格先锋前卫、审美小众，而是这里的家居用品全部是选用闲置旧物改造而来的。

光看店内陈列的家具，你完全猜不出这些物件前半生的故事，经过设计师二次改造，这些不被看好的旧物重获生机。餐桌、橱柜等大件家具摇身一变，成为限量版家具。镜子、烛台等小摆件，安装上新的框架和雕饰后，瞬间能成为家中的颜值担当。如果你愿意，还能和家居用品背后的设计师直接交流，了解独一无二的创作故事。

很多人有废物回收的意识，但不知道如何操作，潜意识里依然嫌弃用过的旧东西。通过改造闲置旧物，赋予它们新的价值和意义，比起单纯教育大家"学会废物利用"更容易执行。L'estoc 给大家提供了改造范本，只需一点创意和灵感，谁都可以把垃圾箱变成百宝箱，做一个改造达人。

不过循环使用旧物还远远不够，L'estoc 还是一家注重社会慈善的家居店，店里雇佣的员工均为残障人士，设计师大多也有生活难题亟待解决。在巴塞罗那，残疾人就业率非常低，找工作会备受歧视，L'estoc 决定打破偏见，担当起鼓励残疾人再就业的模范。

创意十足的家居小物、心意满满的店铺理念，去巴塞罗那，你绝对不能错过这家精致的家居生活店。

L'estoc 官网：http://www.lestoc.com

柏林

Berlin

把纯素理念注入环保生活

越来越多的品牌将可持续概念引入到了产品设计和宣传中。没错！当下最新的潮流就是环保！去柏林的 Süßstoff，你就能找到有关这绿色时尚的答案。

永不过时的"黑白灰"，辅以小部分灰绿色，就是 Süßstoff 店内的主色调。作为一家潮流杂货铺，Süßstoff 售卖多款"纯素"衣物，不仅有百搭的基本款 T 恤、套衫、不含动物成分的皮服大衣，还有很难买到的保暖皮靴、背包，及各种小饰品，从头到脚，足以让人能换上全新的行头再走出商店。除此之外，也有不少像大豆香薰蜡烛、环保手账本等有趣的小玩意。

Süßstoff 非常支持本地手工艺者，为他们提供举办小型展览、工作坊的场地，也愿意在店内无偿宣传他们的作品，其中手绘贺卡是最受欢迎的产品，每张都是由德国本地艺术家亲手设计的独一无二的孤品。

Süßstoff 也是柏林绿色市集、纯素市集上的常客，爱逛市集的你，一定能发现这家有趣店铺的摊位。

Süßstoff 官网：https://www.facebook.com/suessstoff.neukoelln

Pairs

● ● ● ● **塞纳河右岸的零废弃小屋** ● ●

法国塞纳河右岸的蒙马特教堂区，有家店直接把"零废弃"刻在了铭牌上，这家与黑色街道格格不入的纯白色店铺，是巴黎著名的"零废弃小屋"La Maison Zéro Déchet。他们的宗旨就是要和废弃垃圾斗争到底！

零废弃小屋并非以盈利为目的，虽然这里有售卖零浪费生活的必备工具的小角落，但是将它定义为"商店"则太狭隘。其实这里是由专门提倡废物再利用的法国环保组织"零废弃法国"推动创立的，公益组织、政府部门、社区居民都曾为这个小屋的发展提出建议和想法，还有许多志愿者一齐帮助小屋维持日常运营。

它将自己定义成一个处理闲置旧物、废弃物的地方。在零废弃小屋，你可以带去坏掉的电器，值班的志愿者或懂得维修的朋友会帮你修好；你还可以参加小屋定期举办的工作坊，学习如何自制纯天然护肤品、洗涤剂；如果有闲置用品，还能同其他人交换；如果你热爱社交，零废弃小屋还组织野餐、读书会、环保经验分享会等丰富的活动。

遇到志同道合的朋友想深入聊聊，或者逛累了想歇歇，小屋布置了咖啡角和小书店，让你有机会喝杯咖啡，翻阅与零浪费相关的杂志和书籍，享受午后阳光。

零废弃小屋 La Maison Zéro Déchet
官网：http://lamaisonduzerodechet.org

北京

Beijing

把有机农场搬进购物中心

你还以为赶集是乡巴佬才会做的事情吗？在北京赶集可是一件很潮的事儿!

从农场到邻居 F2N Market 创始人黄莉莉是一位来自台湾地区的姑娘，来北京工作短短两年，她的身体就出现了严重问题，究其原因，竟是饮食惹的祸。所以她创办从农场到邻居 F2N Market 的初衷，就是希望有更多的人能吃到安全、健康和营养的食物，让用心做食物的生产者也有机会与消费者面对面交流。这样不仅能有效减少碳排放，还能重建人们与食物的联系。

从农场到邻居 F2N Market 会聚了城市周边的生态农场和其他基于本地的手工生产者，市集上销售的每种食材，消费者都能追溯其来源、成分和生产过程。在这里，你不仅能买到最新鲜的本地无公害蔬果，还能找到有趣的手作品、天然染织的衣服，还有吃货们不容错过的烘焙点心及饮品，逛上一圈，空空的布袋里立马装满赶集归来的战利品。

从农场到邻居 F2N Market 最初只在鼓楼的胡同里举办，来的人大多图个新鲜。如今发展到了拥有数十家摊位，更有旧物置换等丰富活动可以参加，日均人流量已达到近2000 人。一旦大家有了更健康环保的选择，自然愿意支持市集的发展。

从农场到邻居 F2N Market
微信公众平台：从农场到邻居（ID:F2NMarket）

改变需要每个人的参与，你的购买行为代表了你的"三观"，以及你所期待的未来。抱着要改变未来的使命，Biome 诞生了，并连续 14 年蝉联"澳大利亚最棒的环保店"的称号。

作为一家综合超市，Biome 的选品标准非常严苛：零废弃、零残忍、无棕榈油、公平贸易、有机、无人工香精添加剂、可降解……一些看似普通的产品，可以一口气囊括各种苛刻的要求。当我们不断给生活做减法，你会发现找到一个完美契合我们要求的东西很困难。Biome 宁愿花费大量时间和成本挑选合适的商品，也不希望牺牲顾客的健康，或是给环境带来额外的压力。

刚开始，Biome 的商标用的是环保领域最经典的绿色，后来改为海蓝色，因为创始人意识到，保护地球环境，重点需要保护水资源。地球表面三分之二为海洋所覆盖，真正可用的淡水资源非常少，Biome 希望能最大程度地减少排入水中的废物和毒素，因此必须要减少塑料制品的使用量。在澳大利亚，Biome 每年售出超过 600 万种零塑料污染的商品，从源头就经历层层筛选的天然产品，真正做到了环境友好、健康友好的双重认证。

Biome 也与很多公益组织联合举办活动，比如绿色出行、零塑料挑战等，让大家不仅在消费环节就做到绿色环保，更能从方方面面践行环境友好的原则。

Biome 官网：http://www.biome.com.au/

澳大利亚最棒的环保店

我们都爱玻璃罐

编辑 / 张小马 文 /Elsa Tang

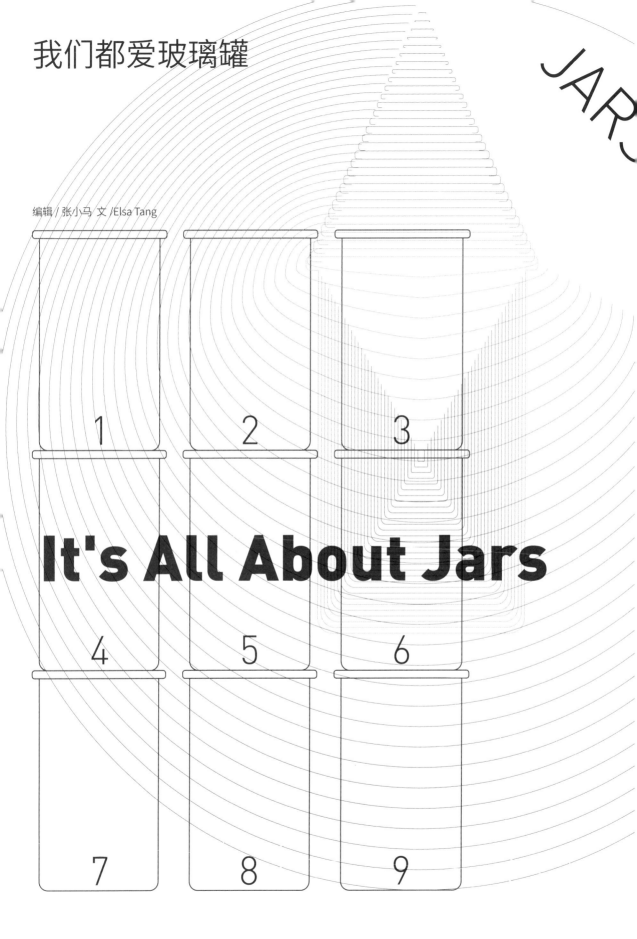

It's All About Jars

相比塑料而言，玻璃材质耐热、清洗方便，更安全，也更适合重复使用；玻璃罐的密封性很强，不变形，便于储存各种你想要装进去的东西。小小一个罐子的用处简直多到说不完！

1 腌制食物：玻璃罐诞生之初，就是为了储存食物。腌泡菜、腌酸黄瓜、油渍小番茄、泡梅子酒、制作各种酱料，玻璃罐的密封性能够让食物的风味被完好地保存下来。

2 装干货、杂粮：不想橱柜被塑料袋塞满？那就把五谷杂粮、香料、调料还有咖啡豆通通放进玻璃罐吧！排放整齐的罐子们不仅让橱柜清爽有序，透明的瓶身更易于让你在第一时间找到想要的食材。

3 装饮料：玻璃罐易于清洗且不会有味道残留，与各种饮料特别是冰饮可以说是绝配。炎热的夏天，带上玻璃罐去店里买一杯冰咖啡、奶茶或是果汁，玻璃的清凉沁人心脾。

4 装沙拉：用玻璃罐装沙拉，能够一眼看到种类繁多、颜色丰富的食材，格外令人赏心悦目。想做出一份漂亮的罐子沙拉，需要按先后顺序将调料、偏硬的食物（如豆类和黄瓜）、偏软的食物（如番茄）、绿叶蔬菜放入玻璃罐中。

5 保存新鲜蔬菜：蔬菜买回家后，很多人喜欢第一时间洗干净后装进保鲜袋。其实可以用玻璃罐来代替保鲜袋，将胡萝卜、黄瓜、芹菜洗净后切成想要的大小装进罐子里，下次做饭时倒出来就可以直接用。香菜、薄荷这类容易"打蔫儿"的食材还可以用水"种"在罐子里。

6 装剩食：在餐厅吃饭一不小心点多了菜，但又没带饭盒？不妨用随身携带的玻璃罐打包吧！回家把它放进冰箱，每次打开冰箱门都能一眼就看到罐子里的食物，提醒自己尽快吃掉，不要浪费。

7 装护肤品：如果你喜欢在家尝试做一些 DIY，比如用椰子油和小苏打调成牙膏、用椰子油和咖啡渣做成磨砂膏等，则用宽口的玻璃罐盛装最适合不过了。还可以在化妆台上另外放一个罐子，用来收纳眉笔、眼线笔和化妆刷。

8 家居装饰：水培绿萝、插上一束小花、放入蜡烛做成灯……摆在家宴或是婚礼的桌子上，会立刻给现场增添不一样的氛围。

9 记录垃圾：很多"零废弃"Zero Waste 博主都会挑战将一年、两年甚至四年的垃圾装进一个罐子里。对普通人或"零废弃"新手来说，即便做不到那么极致，也可以试着用玻璃罐收集垃圾，了解自己每天产生了哪些垃圾，便是开启零废弃生活的第一步。

TIPS

写在最后的两个小提醒：

• 不要为了拥有玻璃罐而把家里的塑料容器一股脑儿地扔掉，那样只会造成更多的塑料垃圾。对于已经购买的塑料制品，最好的办法是物尽其用。

• 不要盲目追求品牌，只要玻璃罐的密封性能和食品安全能达到要求，品牌并不重要，不用非得买那几款"网红"罐，不妨先把手边吃完的罐头瓶和酱料瓶利用起来吧！

再袭时装店

编辑 / 张小马文 /Kiilly 图 / 绿色和平提供

村上春树写过两部短篇小说分别叫《初袭面包店》和《再袭面包店》，讲的是一对夫妻半夜突然被一阵不同寻常的饥饿感所惊醒，决定去抢劫麦当劳巨无霸汉堡包的故事。它反映了资本主义社会中被异化的个体，通过破坏社会固有规则以寻回自我的过程。如今，生活中的时尚潮流和服装所反映的问题与这个故事很相似，我们面对不断更替的服装潮流，总有种莫名的饥饿感。

"快时尚"品牌的广告中常说"穿什么就是什么"，衣服的选择似乎帮我们表达了我们是谁。但我们真的了解我们穿的衣服么？或许，在我们用穿着告诉世界我们要传达的信息之前，最好先弄清我们到底穿的是什么。

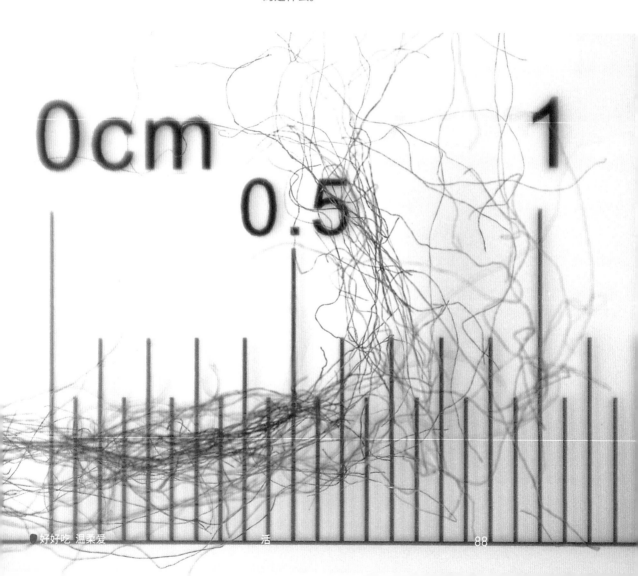

"快时尚"的真实代价

20 世纪 80 年代后期，"快时尚"品牌的商业模式迅速崛起。以上货时间快、平价和紧跟时尚潮流为特点，快时尚品牌新品到店的速度奇快，橱窗陈列的变换频率更是一周两次。从式样的收集到设计，再到最终把产品挂在专卖店的衣架上，这个过程往往不会超过两周。以 Zara 这个品牌为例，24 小时处理来自全球近千家店的订单，72 小时内保证货品运至全球任何一家专卖店，而普通的服装企业从接单到产品上市往往需要 90 天。

从 2000 年到 2016 年，全球衣物生产量将近翻了一番，并在 2014 年超过了每年生产 1 千亿件大关。全球成衣行业聚酯材料的使用量也从每年 830 万吨增长到每年 2130 万吨。预计到 2030 年，全球服装总消耗量将比现在上涨 63%，那时全球人口每年将消耗 1 亿 200 万吨衣物，相当于 5 千亿件 T 恤衫。预计将有约 70% 的衣物是聚酯纤维制品。

但以聚酯纤维为主的合成纤维含有毒有害物质，不可生物降解，它以不可再生的石油为原料，并且很难循环再利用。随着全球化纤生产进一步向中国转移，中国化纤产量占据全球总量的 60% 以上，已经成为世界最大的化纤生产国。其使用量剧增使得微塑料成为一种新型海洋污染物而日益受到关注。

这不足 5 毫米的微塑料，却被联合国海洋环境保护科学组织的专家称为"温柔杀手"。其粒径较小，在海洋环境中数量巨大，易被海洋生物误食而摄入体内，或附着在其表面，对海洋生物的生存产生威胁。目前在中国地表水、海洋食物链各层次的生物体内和食盐中均已发现微塑料的存在，并有可能通过食物链富集而威胁人类健康。在中国，合成化纤纺织品的洗涤排放量，占微塑料排放量的 65%。

实际上，如果没有低成本的合成纤维，快时尚现象也不可能产生。如今我们很难在廉价的时装店中找到一件纯棉的 T 恤或裤子，毕竟自然纤维比石化合成的产品贵得多。

中国一直是全球纺织品生产大国，东部沿海地区尤其是江苏、浙江一带是纺织印染重镇和主要工业园区。

有研究估算，一家印染厂每天可配制出大约 5000 斤以上的染料，而这些染料中的有毒、有害物质很多都具有致癌性，一旦进入到环境中就很难消除，对环境和人体健康都带来潜在风险。而它们就是很多国际时装品牌的上游供应商。

对于时尚界，我们知道设计师、T 台秀、时尚店面，但我们不知道种棉花的人，不知道无数工序上的工人们。他们的工作内容和环境，和时尚的光鲜亮丽不同，他们的工作是枯燥甚至是危险的。而对于居住和工作在这样环境里的工人，他们却长期暴露在有风险的环境中。

除了时尚行业背后隐藏的人和环境的代价，我们同样无法忽视行业所消耗的资源。快时尚行业是一个需要大量水、能源和土地的行业。我们仅看耗水量，生产一件 T 恤需要 2720 公升的水，相当于一个人 3 年的饮用水量。时装业每年消耗 7900 万立方米的淡水，足以填满约 5.6 个杭州西湖。而这个数字预计会在 2030 年再增长 50%。

即便一些知名服装品牌在推广"回收利用"，但这不过是假象罢了。在实际回收利用过程中，染料、涂层、拉链和混纺纤维都严重降低了衣物回收利用的可行性，再生产出的布料质量也会大打折扣；另一方面，如果利用聚酯纤维不耐碱的特性进行分离回收，整个回收过程复杂且成本高昂，也有很多技术问题尚未解决。

被快时尚碾压的我们

快时尚依赖快速更替、廉价、促销等方式，越来越受到年轻人的青睐。

2000 年到 2014 年间，每人每年平均购买的衣服数量增加了 60%。2014 年中国人平均购买新衣量达到 6.5 千克，高于全球平均的 5 千克。到 2030 年中国人均购衣量预期会增加到 11~16 千克。

跟据中国电子商务研究中心发布的统计，2017 年"双 11"期间全网交易额达到 2539.7 亿元。"这体现出了中国消费的升级"，阿里巴巴首席执行官张勇说。而这种不健康的"消费升级"背后，是消费者身心俱疲地对消费浪潮的追赶，以及购买后更空虚的无奈和失语。廉价的快时尚已经彻底改变了我们的穿衣方式，也改变了我们对待衣物的态度，"买买买"随后"丢丢丢"成了潮流的一部分。

对于那些"爱衣如命"的人来说，快时尚和网购让"买买买"成为日常，衣橱于是被"喂"得饱饱的。但在另一面，衣服的平均寿命在不断缩短，在过去 15 年里，我们衣服的平均寿命缩短了一半。对于被丢在衣橱里落灰的衣服，许多人选择直接丢弃。中国每年在生产和消费环节产生约 2700 万吨左右废旧纺织品，它们的再利用率不到 14%，而其中废旧衣物的再利用率只有不到 1% 。大多数废旧衣服直接进入了生活垃圾处理系统。随着旧衣数量的增加，它们被焚烧、填埋，这就对环境造成了极大影响。

我们的生活空间被这些即弃的物品填塞，结果越来越多的垃圾包围了城市。我们会不禁发现和物品之间的关系变得越来越陌生，时间久了，我们又会发现，其实有些东西并不是自己真正需要的，而只是无意识地进行了购买。

"物品面前人人平等"，这种时尚民主化不断提醒消费者一种模糊而虚假的社会身份认同。不同经济条件的人却拿着相同的 iPhone，涂着相同的奢侈品牌的口红。消费机器已用尽其形式日复一日地为人们提供"生活是有盼头的"美好幻觉。但人们又异常焦虑，生怕错过了最新潮流，从而失去了短暂的优越感。只为瞬间的满足感而不停消费，这不但会沦陷入购买与空虚的恶性循环，还会对过度消费的环境影响付出代价。

滚蛋吧！快时尚！

我们买得越多，衣柜里的衣服就会越来越多，穿的次数也会越来越少，有些衣服上甚至还挂着吊牌。最终结果是：衣服可以轻易抛弃，时尚的价值只为了尝鲜。快时尚的潮流碾压着我们，但在被碾压之前，我们的确还可以做些什么。

理性消费
对消费观进行反思，买之前问问自己是否真的需要，问问上次使用是什么时候，买回来后未来三个月是否会使用，购买的物品在经济型和环境友好上是否达到了平衡。

善待已有衣物，升级改造
对已购买的物品更加珍惜，更长久地使用其价值。有些东西原有的使用功能已经不存在了，但我们可以转化思路继续改造使用它。为旧衣服找到新的搭配创意，也可以 DIY 一下，改变衣物的样子与功能，你会发现我们需要的东西就在我们身边，并不需要购买。尝试去修补，把衣服穿得久一点，不要轻言说再见。延长它的使用寿命，仅仅是将衣服的寿命从 1 年延长到 2 年，就可以让温室气体排放量在一年内减少 24%。

二手置换、租赁和共享
放下"新衣至上"的想法，实践可持续消费态度，如租赁、共享、交换、捐赠，改掉随意丢弃的习惯。购买和置换二手衣物，将衣物的生命延续到下一个人手中。对于一些在特定场合穿着的衣服，比如西装和礼服，更可以选择用租赁代替购买。租赁衣物既不会增加衣橱的容量，还可以省下一大笔购置成本。

选择环境友好的面料
我们在选择衣服时很注重面料，因为它很大程度上决定了衣服是否舒适、安全或环保，以及日常打理的难易程度等。当我们需要买新衣时，也要尽量选择对环境友好的面料。

环保新型面料

Piñatex™

Mango Materials

Robot

菠萝叶皮

皮革专家 Carmen Hijosa 到菲律宾考察时，她发现这个国家到处种满了菠萝树，果实收获后成堆的叶子成为了废料，而这种叶子的纤维结构其实很适合做成皮革替代品。7 年时间，Hijosa 将菠萝叶纤维研发成了专利产品——Piñatex ™。这种一卷卷销售的无纺布材料柔软、结实、轻薄、透气，也很容易印染。其制作过程不会产生废料。并且，它可以算是一种有机循环式的农业副产品，连额外的土地、水、化肥都不需要，只是把菠萝叶给"升级"了而已。

甲烷菌

Mango Materials 是美国的一家创业公司，其合伙人兼执行总裁 Molly Morse 在 2010 年进行调查，欲寻找方法来增加菌种生产规模继而收获它们创造出的聚合物。这意味着衣服可以用细菌纺出的纱线纤维做出来——还可能潜在地被用来制作背包、鞋子或者 T 恤衫——最终当它们被放置在堆肥上会自然分解。当纤维物在海洋中分解结束，它们最终会被溶解。Morse 多次告诉人们，一张信用卡大小的由这种物质做成的塑料制品，在马桶中被冲走之后，会在两个星期左右消失。

机器人面料

美国俄勒冈州大学的研究员制作出了人们可以穿戴的机器人材料。比如鞋子能够智能地包裹、形成你的脚型，它也可根据你行走的姿势而改变形状，你可以感应到你所走的每一步在一个地方所用到的压力是多少，这样的鞋子随后会根据感应到的反馈来改变材料的硬度。灵活的机器人材料也可以融合到一件衬衫或一条裙子里。你可以称之为"智能衣服"。

葡萄皮

意大利人 Gianpiero Tessitore 发明了人造葡萄皮——Wineleather，一种由葡萄的皮、茎和籽制成的 100% 植物成分的面料。几经实验，他们开发出一种新的生产工艺，可以将葡萄皮和葡萄籽中的纤维与天然油脂有效结合，制造出一种具有皮革质感的纯植物环保皮革。它不仅性能优越，完全可以媲美传统皮革，更是从选材、生产到加工的各个环节都与可持续发展的潮流极度贴合，并夺下了全球时尚创新的奖项—— 全球变化大奖（Global Change Award）的头筹。Tessitore 与合伙人 Francesco Merlino 于 2016 年在米兰成立 Vegea 公司并将其作为商业品牌，专门生产创新型植物皮革，他本人出任 CEO，并为 Wineleather 的全部生产流程注册了专利。

Gianpiero Tessitore

红菌皮

设计师 Suzanne Lee 用红茶菌皮做的衣服只需四种原料：茶、白砂糖、红茶菌种和白醋。先用热水泡茶，再在茶中加入白砂糖，搅拌至完全溶解，再把糖茶水倒在浴缸中，等到糖茶水差不多降温到 30℃时，再倒入白醋，并放入红茶菌种。红茶菌种里的细菌以糖为养分生产纤维素。不多久你就会发现，红茶菌上面漂着一层厚厚的纤维素菌膜，这就是用来做衣服的原材料。与传统布料不同的是，剩下了的边角料的红茶菌皮可以被重复利用，而且红茶菌皮还会根据容器的形状而成形，充分实现资源利用最大化。

Suzanne Lee

Wineleather

Vegea

橘子纤维

橘子纤维面料虽然还是一个小众概念，不过，环保又细致的橘子纤维（Orange Fiber）已经被消费者穿戴起来。Orange Fiber 是 2014 年 2 月创立的意大利的创新时尚科技公司，由 Adriana Santanocito 和 Enrica Arena 两人共同创立，核心成员共有 5 人。他们用柑橘汁副产品制造出精美的可持续织物，并设想这些材料的新生活，将其转化为适合意大利高品质面料和高级时尚传统的完美面料。它 100% 可以降解，触感丝滑，质地柔软，还可减少食物果汁制造过程中的浪费。

Orange Fiber

回收塑料

塑料瓶不可降解，已成为对环境的一大危害，现在陆地和海洋中都充满了大量的废弃塑料。而塑料瓶经过杀菌消毒和再制处理后，可再次成为涤纶的原料，帮环境减负，如今也有了比较成熟的技术。它的优点是定型性好、耐洗快干、低化学使用和可减少塑料瓶废弃。阿迪达斯公司和 Parley for the Oceans 合作的海洋污染塑料瓶回收制跑鞋成为了知名倡议产品，美国体育用品巨擘 Nike 公司也曾推出以回收的聚酯纤维为原材料制成女性足球系列用品。回收塑料也已成为各国越来越普遍使用的面料。

MycoWorks

蘑菇皮

一家叫 MycoWorks 的公司创造了新的历史，他们用蘑菇中含有的菌丝体来制造皮革。MycoWorks 用菌丝体中的植物纤维来打造蘑菇皮接近真皮的触感，比如用蘑菇皮缝制的小皮包，摸过它的人都说蘑菇皮的质感和真皮非常接近，而且还和真皮一样可以呼吸！他们相信，这款用蘑菇制造出来的皮革，不仅环保可持续，而且要比传统真皮的性价比高多了！

Parley for the Oceans

肥皂实验室

编辑 / 张小马 文 / 帕姆

H A N D M A D E

从人类进入 20 世纪开始，即进入了石油化学的时代。石油不仅代表着能量，更渗透进生活的方方面面。随着科技进步和城市化进程加快，人们用塑料替代了金属和木材，用化学纤维替代了传统布料，也在药品中加入溶解剂来增加药效，在清洁用品中加入合成活性剂来提高去污能力……大自然以它亿万年的智慧为我们准备的生态模式，人类用几百年的时间就将其颠覆了，当现代人享受科技带来的便捷时，隐患也在日常生活中逐渐显现出来。

你看过日化产品的配料表吗？

皮肤作为人体最大的系统，其结构极其精密，其中的血管、神经和腺体错综复杂。皮肤具有弹性和防水性，保护身体免受阳光、病毒或细菌等的侵害。可是现代人的皮肤，正经受着来自日化产品的伤害。下面列出的物质常出现在沐浴露、洗发液、护发素、防晒霜、香皂、牙膏的成份表中，我们并不能从这些名字直接看出其功效和危害，这也是让我们容易忽略它们的原因之一。

清洁类产品经常出现"深层渗透"、"深层清洁"之类带有倾向性的宣传语，让人们只关注其清洁能力而忽略了"深层"带来的代价。

SOAPS

月桂醇硫酸酯钠（SLS）　阴离子表面活性剂、乳化剂、发泡剂，增强对其他化学物质的吸收，引起白内障、过敏

月桂醇聚醚硫酸酯钠（SLES）　阴离子表面活性剂，促进其他化学物质的吸收，引起过敏

聚季铵盐-10　阳离子表面活性剂、防臭剂、杀菌防腐剂、防静电剂，高浓度时刺激皮肤、引起过敏

丙二醇　杀菌、防腐剂，刺激皮肤、粘膜、眼睛、鼻子、咽喉、引起过敏、二类致癌物

香精　香料，引起过敏、致癌

二氧化钛／氧化钛　色素、防腐剂，防晒，刺激皮肤、眼睛、呼吸系统和皮肤、二类致癌物

三氯卡班　防腐剂、杀菌剂，环境激素

EDTA二钠　螯合剂、保存剂，有毒性、刺激皮肤、眼睛、粘膜、引起过敏

深层清洁等于吸收毒素？

在日化产品与皮肤短暂的接触时间里，我们熟知的明星成分例如精油、草药等物质是无法渗透进皮肤的，这都归功于角质层的阻挡。因此化学家们借鉴药品使用经验，用溶解剂来破坏角质层，为有效成分"开道"，丙二醇和月桂醇硫酸酯钠（SLS）就是溶解剂。虽然具有毒性，但在当务之急需治疗病痛的时候，它们也会被适量使用。但为了"深层清洁"而加入到日化产品中时，就得不偿失了。

角质层被破坏的皮肤是好坏不分的，有毒物质趁虚而入，大部分沉积在皮下脂肪，经过非常缓慢的过程，才能进入血液然后被排出体外，因此有毒物质沉积的速度是大于排出速度的。脂肪中沉积了那么多毒素可不是什么好事，有可能会过敏，有可能会损伤大脑（带有毒素的脂肪很容易穿过大脑屏障），连减肥都要小心大量毒素进入血液而造成中毒。另外，经常破坏角质层，也会让皮肤更易被阳光晒伤，更容易遭到病毒和细菌的侵害。人体面对化学毒素并不像对付病毒和细菌那样可以形成免疫力，毒素的累积最终都会爆发出来，成年人如此，对老人和儿童来说就更加危险。

使用不环保的日化产品等于自己吃塑料？

很多标注含有 PP 或 PE 的日化产品，如洁面乳、磨砂膏，基本上都含有微塑料。选用带有所谓的"柔珠清洁颗粒"的洁面乳时，就是在向海洋中丢弃 5000~95 000 颗微珠颗粒，即微塑料。这样的微塑料会很轻易地进入海洋生物的肚子里，更会自然而然地附着在海盐上。按照世界卫生组织制定的每人每天摄入 5 克食盐量的标准来计算，人们每年通过食盐摄入的塑料颗粒至少高达 1000 颗；如果按平均寿命 75 年计算，人一生中通过食盐摄入的塑料微粒可达 93 229 颗！

让日化产品回归原本的功能吧！

市面上琳琅满目的日化产品，会在其基础功能之上再增加一些特效来吸引消费者。比如带有抗菌功能的香皂，可以去屑、滋养头皮的洗发液，这些产品本是用来清洁的，但为了增加功效，人们才不得不加入像丙二醇、月桂醇硫酸酯钠（SLS）这类的溶解剂。如果我们不那么贪婪，不要求那么全效，也许可以更安全。

以皂为例，人类自古做出的皂，就只有清洁污渍这一项功能。我们接下来要介绍的制皂方法源自 200 多年前的法国，此方法利用氢氧化钠与油脂的反应，生成脂肪酸钠和甘油，这个过程被称为皂化反应。生成物中的脂肪酸钠并非单一的物质，月桂酸钠便是其中之一，它具有亲油和亲水的双重能力，亲油端带走油污，亲水端帮助排走污渍，并且提供很好的滋润、保湿性能。生成物中的甘油具有亲水性，它可以提高皂的排污能力，而且对环境更加友好。

DIY 环保手工皂工具清单

1. 电子秤（量程至少为 1 公斤）
2. 眼镜 1 副
3. pH 试纸
4. 做皂专用的透明广口杯子（容量大于 1 升）
5. 做皂专用的广口玻璃杯（容量不小于 500 毫升）
6. 做皂专用搅拌棒（可用筷子代替）
7. 做皂专用盆 2 个（至少能轻松容纳前面提到的玻璃杯）
8. 尺寸为 5 厘米、7 厘米、25 厘米、的硅胶模具（可用 1 公升的豆奶包装盒、硅胶蛋糕模具、纸杯等容易拨开的类似模具）
9. 胶皮手套 1 副
10. 防雾霾口罩 1 个（防止倾倒氢氧化钠时吸入刺激性粉尘，伤害呼吸道）

NO1. 不伤手的基础皂

使用 500 克油，产出量约 750 克皂

材料	用量	皂化价	油脂占比
棕榈油	130 克	0.141	26%
葡萄籽油	120 克	0.1265	24%
椰子油	100 克	0.19	20%
米糠油	100 克	0.128	20%
蓖麻油	50 克	0.1286	10%
氢氧化钠	72 克	——	——
水	180 克	——	——

制作步骤

1. 戴上胶皮手套、口罩和眼镜。

2. 在透明广口杯子中分批倒入准确用量的油。

3. 在广口玻璃杯中倒入准确用量的水。

4. 在水盆中倒入适量自来水，把广口玻璃杯放入其中。

5. 称量出准确用量的氢氧化钠，缓慢地倒入水盆里的广口玻璃杯中，并不停地用搅拌棒搅拌。

6. 待玻璃杯降温到微温时，即可将碱水缓慢倒入透明广口杯中，并与油脂混合，边混合边用搅拌棒搅拌。

7. 倾倒完全部碱水之后，继续用搅拌棒以中等匀速搅拌混合液，直到提起搅拌棒时能挂住较多黏稠的混合液为止。

8. 将混合液均匀且缓慢地倒入模具中，放在阴凉处。

注意！

氢氧化钠是强碱，遇水会释放出大量的热，所以一定不要先放碱、后放水，或将全部碱迅速倒入水中。如果碱水溅到皮肤上或是眼睛里，要马上用大量清水清洗。另外请在开阔的空间内进行上述制皂的全部操作。等待大约 3~6 天，用手轻轻按压肥皂表面，感觉略硬即可脱模。拉紧棉线两端将做好的肥皂切开，在肥皂中心位置滴一滴水，随后贴上 pH 试纸测试碱性，对照比对卡，碱性为 7~8 时肥皂就可以使用了。

TIPS

1. 由于手工制皂所用材料不能保证纯度和用量精确，因此可能会造成碱或脂肪酸的残留，未反应的游离碱让肥皂老化变黄，未反应的游离脂肪酸让肥皂氧化酸败，但残留一些脂肪酸毕竟要好于碱，因为碱会伤害皮肤，而脂肪酸可以滋润皮肤。配料中的碱其实已经减量，市面上的氢氧化钠纯度大多为 95%，如果氢氧化钠用量为 72 克，实际加入的量应为 76 克。

2. 这款手工皂偏碱性，残留的油脂也并不多，因此它更适合于洗手，而非洗脸。

3. 这款皂的保质期为 6 个月。

NO.2 含有天然护发素的洗发皂

使用 500 克油，产出量约 750 克皂

材料	用量	皂化价	油脂占比
蓖麻油	180 克	0.1286	36%
橄榄油	140 克	0.134	28%
椰子油	120 克	0.19	24%
棕榈油	60 克	0.141	12%
氢氧化钠	70 克	——	——
水	170 克	——	——
荷荷巴油	25 克	——	——
上好的精油	1~5 克	——	——

制作步骤

1. 戴上胶皮手套、口罩和眼镜。

2. 在透明广口杯子中分批倒入准确用量的蓖麻油、橄榄油、椰子油和棕榈油。

3. 在广口玻璃杯中倒入准确用量的水。

4. 在水盆中倒入适量自来水，把广口玻璃杯放入其中。

5. 称量出准确用量的氢氧化钠，缓慢地倒入水盆里的广口玻璃杯中，并不停地用搅拌棒搅拌。

6. 待玻璃杯降温到微温时，即可将碱水缓慢地倒入透明广口杯中，并与油脂混合，边混合边用搅拌棒搅拌。

7. 倾倒完全部碱水之后，继续用搅拌棒较快的匀速搅拌混合液，直到提起搅拌棒时能挂住较多黏稠的混合液为止（需要比做基础皂时长得多的搅拌时间）。

8. 加入准确用量的荷荷巴油和少许精油，继续搅拌 5 分钟。

9. 将混合液均匀、缓慢地倒入模具中，放在阴凉处。

10. 洗发皂的等待时间较长，大约 1 个月后，接触空气的一面变硬，此时被模具包住的地方依然较软，小心脱模。将变硬的一面朝下，继续等待 1 个月，之后拽紧棉线的两端将洗发皂切开，滴一滴水润湿中心位置，随后贴上 pH 试纸测试碱性，对照比对卡，碱性为 7~8 时就可以使用了。

TIPS

1. 荷荷巴油可以让头发湿润、柔软，是很好的护发素。

2. 精油可选择迷迭香精油，可去屑；雪松精油、杨柑橘精油，可以帮助染发固色。

3. 这款洗发皂保质期为 6 个月。

NO.3 用糙米水制作洁面泡沫

材料	用量
糙米水	70 克
氨基酸起泡剂（GCK-12k）	30 克
甘油	5~10 克
鲜柠檬汁	适量

制作步骤

1. 将未洗过的糙米泡水 1.5~2 小时，取 70 克倒入玻璃杯。

2. 继续倒入氨基酸起泡剂（GCK-12k）30 克。

3. 倒入甘油 5~10 克。

4. 滴入几滴鲜柠檬汁，搅拌混合液，用 pH 试纸测试混合液，pH 值在 5.5~5 之间即可。

5. 装入喷雾瓶中。

TIPS

1. 若用于北方的冬季，甘油的总量可以加到15克。

2. 对于油性皮肤，甘油的总量可以适当减少，甚至不加。

3. 不用纠结糙米的用量，把家中的大米换成糙米，做饭前先浸泡一个多小时，得到的糙米水够全家人洗脸使用一个星期。再换水继续浸泡若干个小时就可以做糙米饭了，而且糙米比大米含有更多身体所需的矿物质，一举三得。

4. 糙米洗脸水的保质期也只有一个星期左右。

5. 做好糙米洗脸水之后需要试用一下，如果有刺痛感，则需要加柠檬汁，将 pH 值降低到 5，把甘油的总量增加到 10 克。

6. 使用方法：用水蘸湿脸部，在手上挤出一小团糙米洗脸水，双手揉搓直到产生细腻的泡沫，轻轻地涂抹在脸上按摩一会儿，但时间不要太长，然后用清水洗净。

其实，只要我们有一颗保护大自然的心，在生活中的方方面面都可以做得更好。但是在动手DIY 之前，我们需要明白的是，我们制作的是日化用品不是而不是手冲咖啡，因此保持科学严谨的态度也很重要。另外，如果只是想随便尝试一下，不如到那些专门的工作坊体验制作，避免购买了准备工具又迟迟不动手而白白浪费资源。记住，我们的初衷是保护环境和自身健康，如果在 DIY 的过程中产生了更多不必要的垃圾，那可就得不偿失咯！

注：

本文中涉及的配方来自台湾元智大学张石峰教授（化学博士），并感谢张教授以及太和智库特约研究员慧固法师的技术支持。

作者简介：

帕姆，兴趣广泛的匠心动手达人。口头禅："不用买，我给你做！"新风机、蓝牙机械键盘、牛顿反射式双筒天文望远镜……都是他自己从锯板子开始制作而成的。

未来元素

可以吃的餐具

作为专业的农业发展研究员，Narayana 为了解决印度农业资源紧张与庞大的人口需求间的矛盾，创办了 Bakey's，一家制作可以吃的餐具的公司。Bakey's 利用高粱、小麦等常见的五谷作物，制作出使用后不必丢弃、直接吃掉的刀叉。目前开发出原味、甜和咸三种口味，不管是正餐晚宴，还是甜品为主的下午茶歇，都能完美应对，大家再也不必烦恼饱餐过后满桌一次性餐具的狼藉了。

石头也能造纸

制造木浆纸必不可少的一步便是砍伐森林，从而造成资源浪费等问题。台湾地区一家石头纸企业，一如其名：用石头造纸。听起来有些不可思议，其过程和制作原木浆纸非常相似，却不需要砍伐一棵树，只需用微量水调和，制作过程中更不会排放任何废水，是实实在在的环保纸。石头纸保存时间更久，耐用结实，比传统木浆纸的生命周期长好几倍之余。石头纸还可以二次印刷，若加上不同颜色的花纹，即成为精美的墙纸、包装纸等。

酒瓶塞变身沙拉碗

喝完的红酒瓶可以二次利用当作花瓶或家居摆件，可软木塞怎么办呢？Bambu 收集废弃的红酒瓶塞，"重组"这些木质纤维，将它们组装成柔软到可以折叠的沙拉碗。这些柔软的沙拉碗如同一块多用途布料，可根据所装菜品多少而调整大小，或根据个人需要调整功能，只要不盛放高温液体，普通的家常菜完全"hold"住。将这样的沙拉碗放进橱柜也不会占地方，清洗也非常方便。

雾霾戒指

荷兰发明家 Daan Roosegaarde 体验过北京严重的雾霾后，便萌生了将污染"变废为宝"的想法。他在污染较严重的区域安装上"空气净化塔"，将其收集的颗粒物压缩后，制成精致的"钻石"戒指，这些"钻石"澄澈透明，完全想不到它们曾是雾霾天气的元凶。每制作一颗"钻石"，大概能净化 1000 立方米的空气。

会发芽的铅笔

铅笔削到最后，剩下的一小段只能扔掉，Sprout Pencil 别出心裁，在铅笔的最后一截埋下绿植种子和小份有机肥。当你把铅笔埋进花盆或插进路边的绿化带中，按时浇水，随着外层可降解材料逐步分解，一周左右就能看到绿色的小芽破土而出。还有罗勒、薰衣草、向日葵、番茄等不同植物可选择。每盒发芽铅笔的市售价格和普通铅笔差不多，这是为鼓励更多人，尤其是家长给小朋友挑选铅笔时能选择对环境影响最小的绿色铅笔。

固体沐浴露

越来越多的沐浴露品牌做到了环境友好，但却依然在使用塑料包装。Ethique 不仅保证自家的沐浴露无毒无污染，就连外包装也直接省去了，因为他们将沐浴露做成了方方正正的固体小块。在店内购买时，店员会直接从一大块沐浴露上切下装好，省去任何中间环节带来的包装污染；网购时，Ethique 会选用 100% 可降解、无毒的包装材料进行简单包装，并提供回收服务。Ethique 仅一年就为新西兰节省下超过 60 000 个塑料瓶。2020 年，他们的目标是节约 1 百万个沐浴露包装瓶，还希望和酒店合作，让酒店为住客提供的小包装用品也能做到环保。

竹子音响不插电

Speakaboo 从竹子做的乐器中汲取灵感，仅用一截打磨好的竹子，便创造出同正常音响一样的扩音和共振效果，让你的手机成为完美的音乐播放器。根据竹管上不同大小和疏密的孔洞，使用者可以自由调节音量和扩音效果，既可以作为派对上的气氛调节道具，又可以用舒缓模式播放睡前安眠曲。Speakaboo 雇佣轻微残疾的手工艺人，帮助解决残障人士的就业问题。每一台竹子音响都由匠人们亲手制造，独一无二。

滑翔伞缝制的婚纱

被长时间使用的滑翔伞伞面会变得透气，这对跳伞员来说是件危险的事，但对设计师来说被淘汰的滑翔伞伞面透气亲肤、光滑柔软，可是可遇不可求的高级材料。Valérie Pache 根据不同颜色的伞面，设计出主题各异的婚纱和礼服。不仅有日式和服、中国牡丹纹样的裙子，还有天蓝色的斗篷罩衫、玫红色的防水鱼尾裙。通过二次加工设计，恐怕谁也看不出这些飘逸轻薄的华服是来自闲置的滑翔伞吧?

剩食还能做染料

每年约有 20% 的水污染来源于化工染色。年轻的服装设计师 Aurelia Wolff 专门回收有机厨余食材，将它们变身为植物染料，将最原始的植物染色方法引入自己的服装设计工艺中。这样一来，她设计的服装不仅更加自然舒适，也减少了厨余浪费，还为同行们树立了环保榜样。从墨西哥餐厅里带回的熟牛油果皮，可以染出鲜嫩的少女粉色，胡萝卜秧能染出温暖的鹅黄色，而洋葱皮则可染出简简单单的米色。

塑料瓶做照明灯

南非设计师 Health Nash 在津巴布韦看到许多居民家中白天没有遮光顶、晚上缺乏照明，便开始收集塑料瓶制造成宛如琉璃的"灯墙"。这些照明灯白天能够遮光遮阳，斑驳的色彩使它们成为性价比最高的家居装饰品；到了晚上，这些小塑料瓶又是极富艺术性的灯罩，给津巴布韦的家家户户带去温暖。Health 还免费开设手工坊，指导当地人如何回收分类水瓶，以及如何把它们做成灯罩。

来自原始丛林的口香糖

雨季来临时，原始丛林中的赤铁果树会吸足水分，树干内的树胶也变得更加充足。Chicza 的工人们会爬上近 30 米高的树干，慢慢采集胶质，再手工压制成一块块的口香糖。采集完成后，每一棵树都会被打上标识，给它们至少 5 年的休息时间。由于是天然植物成分，Chicza 的口香糖黏性不强，就算弄到衣服或头发上也极易清洗。被丢弃后的口香糖可以自行降解。

此外，Chicza 还支持墨西哥本地工人就业，希望通过雇佣当地部落的居民采集树胶，让他们拥有稳定的收入和生活。

节水 70% 的喷头

一个人每次淋浴平均会消耗至少 20 加仑的水，一年下来可不是小数目。Nebia 将建造火箭引擎的技术引入日常淋浴喷头设计，通过加压，让常规的水珠变成覆盖面积更广的小水雾，水雾的覆盖面积和清洁程度是正常水珠的十倍之多。因此在洗澡的时候，你可以节省 70% 的水量消耗却获得了更棒的清洁效果。Nebia 的未来计划是改造草坪喷水装置，将水雾技术应用到绿植的日常养护中，这也是水资源浪费中占比巨大却往往被人忽视的一块。

从旧衣中提炼的燃料

在日本每年有超过 2 百万件无法循环利用的旧衣服，要么焚烧，要么填埋。Masaki Takao 给政府支了个新招用旧衣服提炼乙醇。绝大部分旧衣服的原料都是棉花，虽然不是传统意义上的可发酵产生酒精的粮食作物，但棉花同样来源于植物。经过 Masaki 的提炼和再加工，这些被当做垃圾填埋的碎布头分解为生物乙醇，成为了前景广阔的清洁燃料之一。Masaki 专门开设了一家回收厂，如今他还能将旧衣服提纯为葡萄糖，如此一来，生物乙醇的利用率更高了。

3D 海洋废弃物球鞋

阿迪达斯与保护海洋公益组织 Parley for the Oceans 合作设计的跑鞋，把环保风吹进了体育运动界。他们预先收集海洋中的塑料制品和被渔民扔掉的渔网，经过统一处理后，再使用先进的 3D 打印技术做出透气、减震、有弹性的"塑料"鞋底。经过一系列的专业测试，这些用海洋废弃物打印出来的鞋底和阿迪达斯旗下其他跑鞋鞋底的测评分数不相上下。

植物纤维卫生纸

生产卫生纸而牺牲掉的森林和水源，数量实在巨大，澳大利亚一家环保品牌 Who Gives a Crap 决定用制作蔗糖剩下的甘蔗纤维，混合一部分竹子纤维制作出可降解的环保卫生纸。此款卫生纸不含任何染料、香精、化学添加，植物纤维赋予这些纸巾柔软触感的同时，也使其拥有一定的韧性。它们遇水还能慢慢分解，因此也不必担心马桶堵塞的糟心问题。每年全世界约有 30 万儿童死于疟疾，其最重要的原因之一便是公共卫生设施匮乏。Who Gives a Crap 每年会捐赠其 50% 的收益，帮助贫困地区修建厕所，这无疑为孩子们提供了更好的健康保障。

不用灯泡的台灯

在菲律宾，许多家庭用不起电灯，但是用煤油灯又极易引发火灾。Mijeno 和他的团队用家家户户必不可少的调味盐和纯净水，就做出了能持续照明 8 小时的 SALt Lamp 台灯。考虑到部分地区连纯净水都相对匮乏，使用者甚至可以直接往 SALt Lamp 里倒入含盐量较高的海水，便可以得到一整晚的温馨亮光。灯的使用寿命超过一年，完全不用担心更换灯泡的麻烦。

能消失的狗狗垃圾袋

用来装狗狗粪便的垃圾袋已成为大多数"铲屎官"的一道环保难题。Biobag 提取植物中的纤维成分，加入植物油，制作出可降解、反复使用的宠物用垃圾袋。它们可以同其他环保用品一样参与生物降解和循环利用，按照正常的回收流程，到最后 Biobag 真的能够做到消失不见。有些铲屎官会用狗狗的粪便堆肥，直接将使用过的 Biobag 扔进堆肥桶内就大功告成啦。

KEEP LIFE ALIVE 糙米 BROWN RICE

21 天零废弃之旅

编辑 / 张小马 文 /Elsa Tang

21 DAYS TO ZERO WASTE

当你第一次听说"零废
弃"这个概念时，是否也
差点被"零"这个字给吓跑了？
是否也总觉得"零"是个无法达成
的目标？或是面对着满满的垃圾桶发愁，
一时间却不知该从何下手？

为了帮你迈出第一步，我们把零废弃这个看起来很大、
很远的目标，拆解成了很多件不起眼的小事。每天你要做的，
就是像打游戏一样完成一个小任务，然后升级到下一个任务。
怎么样，听起来是不是很好玩？

那就快和我们一起，踏上这趟充满乐趣的零废弃之旅吧！用 21 天的时间，开
启一种全新的生活方式！

写一篇"垃圾日记" DAY1

在中国，每人平均每天会产生 1.1 千克的生活垃圾。在北京，每天 2 万吨的垃圾产量可以排满三环一圈。可是，大多数人并不清楚随手扔掉的垃圾里到底都有些什么……除非把它们都记录下来：准备一个袋子，把今天产生的所有的干垃圾（厨余和厕所垃圾除外）都放进袋子里，一天结束后，将全部垃圾拿出来拍张照。如果不方便将垃圾背着走，那就在每次扔垃圾的时候，都用笔或手机记录下来。

带上自己的购物袋 DAY2

塑料袋是用石油做的。为了生产塑料袋，仅美国一个国家一年就消耗掉 1200 万桶石油。而塑料袋的平均使用时间为 12 分钟。绝大多数的塑料袋都不可降解。在不同的温度和湿度条件下，一个塑料袋需要 15 年 ~1000 年才能分解。

拒绝使用塑料袋最简单的办法就是自带购物袋！除了常见的大购物袋，不妨再准备一些小号的棉布袋。作为当之无愧的零废弃必备品，棉布袋的用途简直多到说不完：装蔬菜、装水果、装面包、装大米、装干果、装薯片……把各种购物袋都挂在门口，这样每次出门时就不会忘记啦！

10 分钟快手断舍离 DAY3

看看你的周围，是不是充满了各种各样的物品？那些长年积灰的杂物，除了还没被扔进垃圾桶外，它们其实跟垃圾并无二致。如果围绕在身边的每件物品都是自己喜爱、日常会使用的，而且还能给生活带来愉悦感，是不是更美好？

花 10 分钟时间，只整理一个角落，它可以是：冰箱、放调料的橱柜、药箱、水槽下面的柜子、放化妆品的抽屉、书柜……任何一个你觉得需要整理但又迟迟没行动的地方都可以。虽然 10 分钟时间并不会把你家变成极简风，但也是个值得庆祝的开始！然后,明天再花 10 分钟、后天再花 10 分钟……改变不就是这样一步步发生的吗？

看一部环保主题纪录片

DAY4

宅在家的周末，不如看一部环保主题的纪录片吧！纪录片的目的在于记录事实，既有直指人心的严峻数字，也有无与伦比的绝美风光。而作为观众（真的只是观众？），透过导演的镜头，你能感受到什么？又会做出怎样的改变？

最推荐的 8 部纪录片：
· 《洪水泛滥之前》(Before the Flood)
· 《真实的成本》(The True Cost)
· 《家园》(HOME)
· 《地球脉动》(Planet Earth)
· 《逐冰之旅》(Chasing Ice)
· 《奶牛阴谋》(Cowspiracy)
· 《零冲击生活》(No Impact Man)
· 《明天》(Demain)

带上自己的杯子

DAY5

在一瓶方便清爽的纯净水背后，是不容忽视的水足迹和能源足迹。每生产 1 升瓶装水，需要消耗 3.74 升水和 1/4 升原油。几乎所有的瓶装水都是一次性消耗，喝完一瓶水只需几分钟，随手一扔，便是一件塑料垃圾。

无论你是泡茶、冲咖啡，还是像摇滚"老炮儿"们一样独爱枸杞养生茶，都可以用自己的杯子，这样做既健康又环保，何乐而不为？出门旅行时，在机场、车站都能轻松找到饮水处。很多餐厅和咖啡厅也提供饮用水，只要礼貌地把杯子递过去就 OK 啦！

减少食物浪费

DAY6

在全球每年生产的粮食中，有 1/3 会被浪费掉。如果把食物浪费看作是一个国家，那么它将成为全球第三大温室气体排放源（仅次于中国和美国）——每年向大气排放 33 亿吨温室气体。

根据饮食计划制定购物清单，避免冲动购买不必要的食物。不嫌弃丑果。妥善保存食材，延长其可食用时间，并按"先进先出"的原则依次食用。外出用餐时只点适量的菜，并使用自带容器将剩菜剩饭打包。

释放生理期

DAY7

据统计，女性平均一生会经历 500 次生理期，按每个生理期用掉 20 张卫生巾来计算，一辈子要扔掉 10 000 张卫生巾！一次性卫生巾难以自然降解，除了危害环境，大部分的一次性卫生巾和棉条都经过化学处理，很可能对身体造成健康隐患。选择月亮杯、水洗卫生棉或生理期内裤，便可以轻松体验对身体和环境都没有负担的零废弃生理期。

好好爱自己，好好爱地球

DAY8

市面上的日化用品几乎全是塑料包装，甚至一些所谓的深层洁面乳或美白牙膏中还会添加塑料微粒。这些塑料微粒最终都会通过生态循环系统进入湖泊、海洋，被海洋生物误食，又通过食物链重新回到我们的餐桌。在英国，1/3 捕获的鱼体内都有塑料微粒；每升德国啤酒中，塑料微粒的含量高达 150 个；加拿大被污染的养殖贻贝中，每千克软组织中塑料微粒最高达到 1.3 万个。这些塑料微粒看似不起眼，但对我们的健康、海洋动物和环境的影响和危害却是极其巨大的。

我们除了可以购买有零塑料环保标识的产品以外，还可以自己动手制作，不管是洗面奶、牙膏还是漱口水，都可以轻松搞定。

逛农夫市集

DAY9

农夫市集？不就是菜市场吗？非也！与大多数菜市场里的蔬果商贩不同，农夫市集是由农户将种植的食物亲手传递给消费者的。拥有充满各种音调、颜色和味道的市集，才是一座城市最真实的样子。

爱上农夫市集的几大理由：

·自然农法种植的瓜果蔬菜，有着食物最质朴的味道；

·用食物连线彼此，认识那些为你种下食物的人；

·没有购物小票、没有塑料袋，轻松实现零废弃购物；

·向本地商户直接购买，有效缩短食物里程；

·各种有温度、有态度的活动，让赶集成为时尚环保的生活方式。

负责任的旅行

DAY10

航空旅行中最大的碳排放源就是飞机燃料。携带的行李越多，飞机重量就越重，飞行时需要的燃料也就越多，因而排放出更多的二氧化碳。负责任的旅行的关键就是——精简行李 Pack Smart And Travel Light！无论是衣服、鞋子还是洗漱用品，试着轻装上阵，只带上少而精的必需品。不过，可别忘了带上实用的零废弃 Zero Waste 装备，如餐具、水杯、手帕、棉布袋等，就可以减少旅行过程中消耗的一次性用品啦！

天然无负担的清洁用品

DAY11

水槽、灶台、马桶、玻璃、地板……都得使用专门的清洁产品？No No No，很多清洁产品买回家后的使用频率非常低，除了产生塑料包装垃圾之外，很多清洁剂中的化学成分对呼吸道、皮肤产生刺激，对水源环境也造成了污染。事实上，只要常备白醋、小苏打、无患子这三种纯天然清洁剂，就能拥有一个洁净的家！白醋用于去除水渍、皂渍，小苏打对付厨房油污，而无患子则是集洗手、洗碗、洗衣于一身的万能皂液！

拒绝或减少动物性食品

DAY12

现代集约化肉类生产在土地利用、动物饲料以及温室气体排放等方面对环境有着严重的负面影响。全球温室气体排放的主要来源不是汽车，也不是发电厂，而是牲畜业，其温室气体排放量占全球总量的18%。饲养牲畜所需的水量远远大于种植蔬菜和谷物的用量。畜牧业用来饲养牲口的谷物，足以养活 8.4 亿吃素的人类。

如果所有中国人每周吃素一天，将减少温室气体排放 2 亿 8 千 6 百万吨。只要每个人每周一不吃肉，长期下来累积的环保力量，就可以减少气候变迁的速度。

减少和外卖小哥见面的频率

DAY13

在方便和省时的背后，外卖产生的塑料废弃物正在给地球带来沉重的负担。据统计，平均每笔外卖订单会产生至少 3.7 个包装盒！这些饭盒、塑料袋、杯子、一次性餐具，在我们手上只停留短短半个小时，但进入垃圾填埋场后，可能要长达 450 年的时间才能完成降解。

常常在家下厨，也是犒劳自己的一种方式，在家做饭也会更干净、更健康呢！

不要再网购啦

DAY14

网购会产生大量包装垃圾，快递行业每年使用的不可自然降解的塑料袋、胶带所排放的二氧化碳，可达 2000 万到 3000 万吨。运输过程还会造成大量碳排放，如网购一件从广州发往北京的大衣会产生 2.9 千克碳排放。

从今天开始，试着远离网购 APP，去家附近的商店或市集购买生活必需品，还可以用交换或 DIY 的方式代替买买买。

不插电的户外时光

DAY15

对环境友好的生活，从亲近大自然开始！难得的周末时光，与其窝在沙发里玩手机，不如约上朋友面对面地聊天，一起去爬山、去散步、去看一朵云一棵树一只鸟，还可以跟朋友们来一次零废弃野餐！叫上三五好友，大家分头准备零食、水果和饮料，自带水杯、餐盘、手帕、餐具，争取野餐过程中不产生任何一次性的垃圾。除了快乐，什么都不留下！

转赠闲置物品

DAY16

还记得 DAY3 的"10 分钟快手断舍离"吗？整理出来不再需要的物品，小家环境是越来越清爽了，但若是一股脑地把这些闲置物品全丢进垃圾桶，是不是又给地球环境造成负担了呢？这些物品虽然不再适合你，并不代表它们全然失去了价值，不妨在朋友圈、微信群或是交易平台上转售或转赠给其他人，或是组织一场线下的二手物品交换活动，给予物品第二次生命，让它们发挥其该有的价值，说不定还能认识志同道合的朋友呢！

节约用纸人人有责

DAY17

从擦手的纸巾到包装的纸袋，纸在我们的生活中到处可见。造纸业会消耗大量的木材和水资源。在公司，使用双面打印，尽量做到办公文件无纸化。在家，用手帕代替纸巾、抹布代替厨房用纸，选择秸秆、竹纤维等对环境更友好的厕纸。外出时带上自己的水杯避免使用一次性纸杯，购物时减少使用纸袋等纸类包装。对废弃的纸质品，如快递纸箱等，进行妥善地回收。

用体验代替实物

DAY18

生日、节日、纪念日、家人团聚……在一些特别的场合，我们总是习惯用礼物来表达心意。如果送出的礼物并不是对方真实需要的物品，反而是一种浪费。其实表达心意的方式还有很多种，比如和对方共同做一件事情，这样的经历可能会比有使用期限的物品更值得回味呢！

·看一场电影、话剧、展览、音乐会……

·参加户外运动（散步、跑步、爬山、滑雪等）；

·体验兴趣课程（手作、烹饪、咖啡、插花、摄影、舞蹈、冲浪、瑜伽、写作、合唱等）；

·当志愿者；

·去农场劳动；

·吃一顿正念晚餐；

·什么也不做，陪伴就是最好的礼物。

干湿分离，轻松回收

DAY19

对家中垃圾进行"干湿分离"，将塑料、纸类、金属等有价值的可回收物分离出来。确保干燥清洁后，交给清洁工、拾荒者、废品站，或是参与一些回收项目，使物品再次进入生产循环过程。

对于果皮、菜叶等含水量高的厨余垃圾，可以试着在家中进行厨余堆肥，将厨余转换成肥料，让食物重新回归土地、回归自然。

打造心动衣橱

DAY20

你究竟需要多少件衣服？

与表面的光鲜亮丽恰恰相反，服装产业是全球第二大严重污染产业，仅次于石油业。添置新衣物时，切忌盲目跟风，尽量选择有机棉、麻等天然面料，拒绝皮草，拒绝购买快时尚品牌。了解自己的穿衣风格，给衣橱"瘦身"，尝试搭建自己的极简衣橱：可加入"1331 挑战"，即用 13 件衣服穿 31 天；或是"Project 333"，即用 33 件单品穿 3 个月。不再合身的衣服可以通过二手交换或旧衣回收的方式妥善处置。

分享零废弃之旅

DAY21

恭喜你！你已经顺利到达了 21 天零废弃之旅的最后一天！最后一个小任务，是把今天的垃圾再做一次记录，跟 DAY1 相比，是不是减少了很多呢？

这 21 天里，相信你的生活或多或少已经发生了一些变化。零废弃，是不是比你想象中要简单很多？低碳生活需要更多人一起行动起来，如果你觉得零废弃能够带给你快乐，就请把这趟 21 天的零废弃之旅与身边的家人和朋友分享吧！

1. 环保布袋
2. 便当盒
3. 一套餐具
4. 金属／竹子／玻璃吸管
5. 水杯
6. 手帕
7. 秸秆纸／竹纤维纸／再生纸

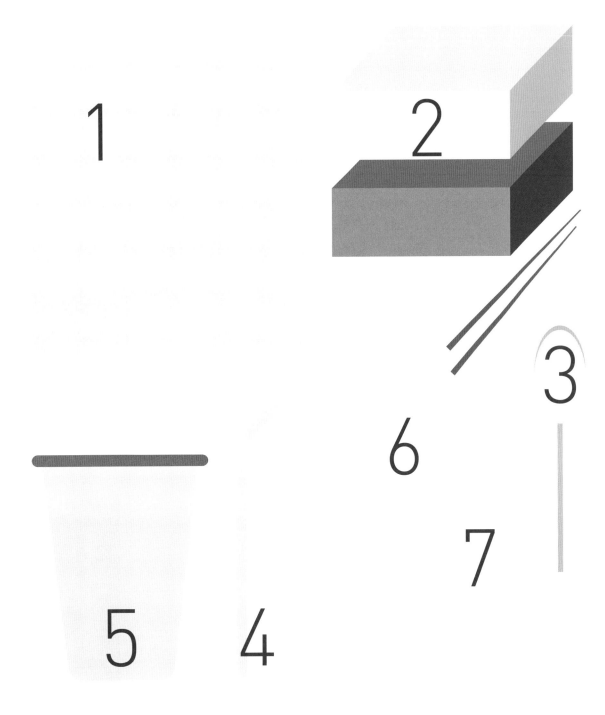

KEEP LIFE ALIVE 糙米 BROWN RICE

理想世界的无限可能

编辑 / 张小马 文 / Vegan Kitty Cat

你心目中的理想世界是什么样子？对许多人来说，在这个理想世界里，人与大自然是紧密相融的。早上起床，推开家门，头顶上是蔚蓝晴空与朵朵白云，脚下碧草如茵。脚步悠闲，漫步到枝繁叶茂的树荫下，紧邻山泉小溪，鸟语花香。

在这样的世界里，没有人朝九晚五地着缺乏热情却迫于现实的工作，而是每一个人都能够发挥专长对群体做出贡献；家家户户不用锁门，因为每个人各取所需、各供所长，没有人的生命或心灵是匮乏的；共同空间中有各式各样的课程在开展着，瑜珈、冥想、气场阅读、艺术创作；有机农作是居民习以为常的生活习惯。这样一个世界，不再只是你脑海中的未来场景——在世界上的一些角落，这股回归本质的生活方式已经悄悄兴起。

理想世界 Inkiri Piracanga

世间万物都是互相连结的。当我们凝视一朵花，看到的不只是花朵本身，还有滋养花朵的土壤与雨水，无条件提供温暖的阳光，传播花粉的昆虫，或许还有他人对同一朵花的悉心呵护及赞美。这中间所有的环节只要有一个不完整，这朵花或许就无法在此刻完美地呈现在我们眼前。

当我们深刻体验到了万物之间紧密的连结，很自然地会想要为其他生命创造快乐与喜悦，帮助他们脱离痛苦。这就是生态村"Inkiri Piracanga"创办人安吉莉娜·阿泰德（Angelina Ataíde）从小的心愿。

生态村，是在生态、经济、文化及灵性等多方面都可持续的一个社群。Inkiri Piracanga 位于巴西东北部的巴伊亚州，紧邻南大西洋。热带气候及海风赋予此地得天独厚的风貌，居民们经常在河边及海边捧着刚从树上摘下来的椰子，享用新鲜椰子水。在这里，长住的核心成员有 40 个成年人和 18 个孩子，每年有超过 2000 名访客来交流、学习并体验生态村的生活。

生态村的名字也是有故事的。创办人表示，在数百年前居住在此地的巴西原住民部落中，"inkiri"是个见面时的招呼语，意思是"我心中的爱，向你心中的爱问好"。在这个部落中，人们的生活一片和谐。孩子是自由的，能够尽情地玩耍、成长，并持续得到来自成年人的爱和呵护；年轻人能够发挥自己的天赋及才能，做着心中真正想做的事；老年人则是为部落成员带来无尽的智慧及知识。每个人都各司其职，以最简单的方式生活。这个部落里，有的是满溢的爱及万物一体的神圣连结。这个部落中的成员，不会批判他人或自己，而是会用幽默看待错误并及时改正。他们生活在喜悦当中，不墨守成规，不执著于过去或未来，而是安住于当下内心的和平。

虽然这样的生活方式后来失传了，但后人却记得这些故事，并以此为目标，建立了生态村 Inkiri Piracanga。正因如此，一整个社群都是带着创造新世界的使命感在迎接每一天。

修复人与自然的关系

我们现今的主流社会是失去了平衡的。人将自身与大自然之间的连接切断，自认为高于自然，滥用地球资源。BBC 有一篇报道指出，如果每个人都像美国人一样使用资源的话，我们将需要四个地球才能够支持这样的生活方式。

Inkiri Piracanga 的成员看到了现今世界与理想和谐的生活是南辕北辙的。也因此，他们建立了许多项目来修复人与大自然的关系，包括使用生态厕所、修复土壤、造林、提供朴门永续设计课程、制作可降解的天然清洁产品、运用太阳能供电，以及推广纯素饮食。对于纯素饮食的坚持，是在其网站上向访客清楚说明的注意事项之一，原因就在于生产动物制品不止伤害环境、伤害动物，同样也伤害了我们的内心。

生态村里的供水、供电系统是与外界完全隔绝的，自身便是一个循环、封闭的系统，力求把对环境的破坏减到最低。同样，这里没有所谓的"废弃物"，因为居民们相信废弃物只是错置了的资源。举例来说，这里的厕所不用水冲，而是将排泄物收集起来为土壤施肥。这里的人也不用一般市售的掺杂了不健康化学成分的肥皂，而是用自产的椰子油来制作成椰皂。

每周一次，这里会举办市集，出售在生态村里种的有机蔬果、环保产品，也欢迎邻近城市的居民前来销售自己所种植的作物。生态村也有自己的货币系统，在以物易物之外，提供更方便的交易选择。

心的觉醒

Inkiri Piracanga 的成员相信，环保不仅在于我们做了什么，还同我们存在的状态密不可分。人只要有了心的觉醒，就能够以不同层次的意识来面对并处理一切的挑战。因此，这里提供各式各样的心灵成长课程，帮助居民及访客提升自我。举例来说，历时 21 天的"爱之路"课程，旨在通过断食来帮助人们面对内心中最深层的恐惧及其他情绪，更加认识自己，也净化身心；冲浪课程，让人们随着海洋的韵律寻找大自然的平衡与和谐，超越自我设限；瑜伽课程，则邀请人们倾听自己的身体，获得内心的平静。

他们欢迎来自世界各地的朋友前来体验一种不一样的生活方式，通过志工服务等方式为社区做出自己的贡献，共同创造人间乐园。

INKIR

PIRACANGA

KEEP LIFE ALIVE

糙米 BROWN RICE

Inkiri Piracanga 也只是世界上众多生态村中的其中一个。事实上，这股回归本质、风靡全球的运动，无论是在欧洲、美洲还是亚洲，都已遍地开花。

在英国 Findhorn

在欧洲，历史最悠久的生态村要属苏格兰的"Findhorn"了。成立于 1962 年的 Findhorn，被昵称为"生态村的始祖"。三位创办人一开始生活拮据，靠种植有机蔬菜勉强维生，但他们对灵性的追求引领他们走上丰足的道路，有机蔬菜种出了成绩，最后慢慢演变成一个村落。今时今日，Findhorn 已拥有 450 个长住居民，并被证实为全英国"生态足迹"最小的社群，仅使用了相较于一般民众一半的资源，对环境的冲击减半，获得联合国人居署颁发的"最佳实践奖"。这里的居民认为服务是展现爱与自我的最佳机会，通过全身心的服务，人类能够为自己及世界塑造全新的意识。

N

在德国 Siben Linden

欧洲另一个知名的生态村"Siben Linden"位于德国，成立于 1997 年，居住着约 100 个成人及 40 个孩童和青少年。这里的居民的"生态足迹"是一般德国民众的三分之一，住所都是用稻草、陶土及木头建造的低耗能建筑，并使用太阳能板和自行挖掘的水井供水供电。公共厨房中所有的食物都是素食，且有很大一部分为纯素。

在印度 Auroville

在亚洲，最知名的生态村不外乎是印度的"Auroville"。成立于 1968 年的 Auroville 秉持着实践人类一体的愿景，尊重不同文化的多样性，在南印度庞迪切里州创建了受大自然围绕的伊甸园。在这里，有来自 49 个国家不同年龄不同社会背景的成员，活脱是人类世界的缩影。目前居民约有 2500 人，其中三分之一为印度本地人，而生态村的规划共可容纳五万个居民。艺术、能量疗法、有机农业、可持续城市规划、再生能源等都是居民们平时花费心血研究并学习的主题。村里据说有着美味无比的纯素餐厅，一般民众也可以申请到那里工作，为居民及访客做出一份份爱心餐点。

人类世界走到现在，似乎面临了一个分水岭。我们可以按照旧有的路继续走下去，发展高科技、核武器，将大自然资源用尽，最终不仅伤害地球也危及了所有物种的存亡；我们也可以选择觉醒，认清自己与万物之间的连接，由地球的掠夺者转换为保护者，尽我所能将对环境的伤害减到最低，并逆转我们已经造成的伤害。

这是人类集体必须做出的选择，也是每个个体都必须面临的难题。当多数人还在犹豫不决，甚至毫不关心时，世界上已经有无数个社群将爱、和平及可持续的价值观付诸于实践，创造了一个个生态村。当我们由内而外实践环保生活，一个崭新的未来便近在咫尺。

EXCLUSIVE

INTERVIEW

人物专访

Keegan Kuhn

Gordon

Bea Johnson

张 娜

编辑 / 张小马 采访 & 文 / Vegan Kitty Cat

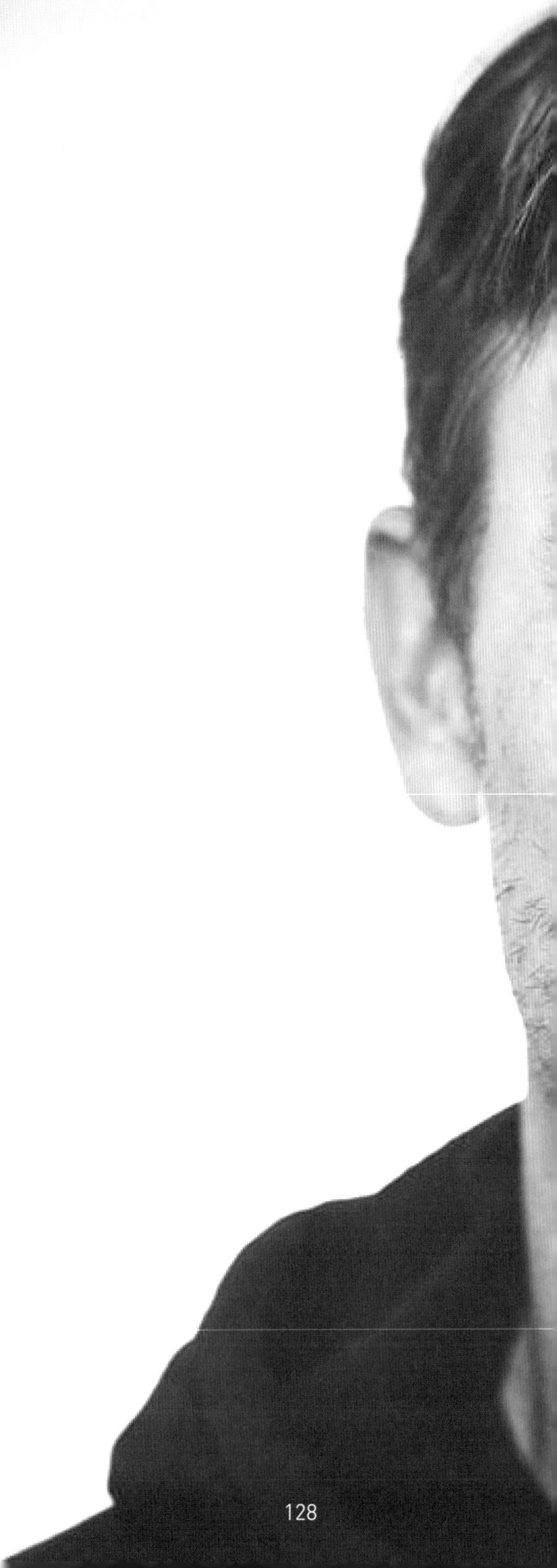

为正义而生的『反骨』男子

专访纪录片《奶牛阴谋：永远不能说的秘密》导演 Keegan Kuhn

EXCLUSIVE INTERVIEW

糙米 BROWN RICE

Keegan Kuhn，纪录片《奶牛阴谋：永远不能说的秘密》的导演之一，把一辈子都贡献给了社会正义运动。身为音乐人、职业录像师、纪录片制作人的他居住于美国旧金山湾区，因工作性质所需到处奔波，从在阿拉斯加偏远内陆纪录自耕农，到在沙漠拍摄野马，再到穿梭在城市和农村间纪录市井小民的生活，他立志为社会上被压迫的一群生命发声，用影片说出他们未被听见的故事——而这一群生命，也包含了动物。

热爱环保的人，对纪录片《奶牛阴谋：永远不能说的秘密》(Cowspiracy: The Sustainability Secret) 一定不会陌生。这部探讨畜牧业与气候变迁的影片，带领民众揭开黑幕，看清为什么世界上众多知名的环保团体在呼吁减碳的同时，对你我餐桌上的动物制品却只字不提。

他深信在一个理想的环境中，所有的生命都能够被以同理心和正义对待，因此他致力于创建一个人类、动物和生态系统都能够真正自由的世界。对他来说，这个世界若要成真，同理心和正义是不可或缺的关键。

这部纪录片从 2014 年发行以来，在全球范围内掀起了轩然大波，间接催化了一股"全民减肉运动"的风潮。公益宣传活动 "Veganuar"（蔬食一月）的发言人将英国人肉食减量三分之一的佳绩归功于《奶牛阴谋：永远不能说的秘密》和其他几部纪录片。

Keegan 的同理心，是从小就被培养起来的。他成长于一个非常不传统的家庭，母亲是位助产士、人权家，父亲是位壁画艺术家。他和五位兄弟姐妹从小就是蛋奶素食者，被教导不能伤害任何生命，包括人、牛、老鼠等。父母同时告诫他们，要不断地去质疑一切固有的信念。

这样的家庭环境，让他一直对动物有着特别的情感，也明白人类对自然应抱持着尊敬的心。但真正让他专注于探讨环保议题的转折点，还是因他动物权益人士的身份。当时他理解到，若不保护环境，即使再怎么保护动物，总有一天这些动物也无法再继续生存在一个被人类蹂躏殆尽的星球上。正因如此，他开始把环境保护作为自己工作的重点和一切社会议题的前提。

纯素饮食：可持续发展的最有效工具

从蛋奶素转换成纯素，是 Keegan 在 21 年前所做的决定。当时年仅 12 岁的他发现，为了让母牛产奶，人们很快把刚出生的小牛从母牛身边抱走。而为了生产鸡蛋，母鸡则是不到几年就因为产量下降而被杀死——无论这些母鸡是否是自由放养的。他因此而汗颜：自己一辈子的心愿就是要过一个富有同理心的生活，但喝牛奶、吃鸡蛋跟同理心是完全沾不上边的。正因如此，他成为了纯素主义者，并最终影响了全家人都成为了纯素食者。也是在 12 岁那年，他发现在学校里学不到他认为重要的知识，因此在家人的支持下辍学，开始旅居各地，让现实生活当自己最好的老师。

为了保护动物而成为纯素食者后不久，他也紧接着了解到鸡蛋和牛奶产业对环境的摧毁性冲击。每当看到大型的畜牧场，Keegan 总是感到心头一紧。这些集中动物饲养中心无论是对空气、土壤还是水源，都造成了大规模的污染，更别提给数百万只动物带来的痛苦了。

行动派的他，决定与另一位伙伴 Kip Andersen 着手进行纪录片《奶牛阴谋：永远不能说的秘密》的拍摄。片中通过探讨畜牧业和气候变迁的关联，挑战观众去质疑各大环保团体，也重新检视个人的饮食选择。这部纪录片观影人数达到数百万，造成的影响不容小觑。

我们还可以做得更多

除了推广纯素生活来保护环境之外，Keegan 还是位资深的有机农田开发人员。他从 17 岁开始走访全美的有机农田，并花费了 10 年的时间在很多社区建立了有机农业的基础。曾经有一年的时间，他在夏威夷大岛的一个生态村居住，不使用电力，不开车，只吃从外面捡来的食物或自己种植的作物。

或许较不为人知的是，Keegan 同时也是位音乐家，他曾有六年时间在欧洲巡回演出。但他不只是为了满足自己对音乐的热爱而登台，而是把这当成是宣扬正义的好方法——他笑着说，自己总是在台上唱一首 3 分钟的歌，接着花 10 分钟讲素食的重要性。

大部分人或许都是在没有意识到的情况下成为了地球的摧毁者，但这是可以改变的。"人类和其他的生物一样，可以在地球上过着平衡的生活，并支持其他生命，"Keegan 说道，"我们从全球许多原住民部落可以看出，从一个物种来说，人类有能力取得生态平衡，甚至能让生态系统因我们而受益。"

或许不是每个人都能有像 Keegan 这样的机缘，能够从小就接触到动物保护、环境保护等知识。然而，我们每个人都能够通过不断去质疑既有的信念体系而去质疑自己的选择，为创造更好的世界尽一份心力。这个选择权，就在你我的手中。

关于环保，你所做过的最主要的项目是什么?

多年来我做过很多关于环保的宣传项目，但我想最重要的，就是以可持续发展为出发点去推广纯素生活型态。

你在工作过程中遇到过什么样的挑战?

身为推广者，我曾为了构思出正确、适当的策略而苦恼。有时候在推广一个议题时，我们使用的策略并不是最有效的，这就为自己平空增添了困难。我认为这是任何一项公益运动到头来都要面临的挑战。

即使面临困难，是什么让你继续走下去的呢?

我受到一股很大的动力驱使，要将世界上的痛苦最小化。我们永远也不能将世上的痛苦全部抹去，但我每天都能够努力为其他人减轻不必要的痛苦。明白了这个事实，便能促使我继续向前。

对于想要开始过得更环保的人，有什么建议?

在这个地球上，你所能做的最环保的事情，就是过上纯素食生活。除了不生孩子之外，没有其他的选择比纯素食对保育、保护地球上所有的生命有更大的影响力了。只要将肉、蛋、奶制品从饮食中除去，就可以将自己饮食上的二氧化碳排放量减半!

接下来有什么令人兴奋的项目在计划中?

我刚拍完一部新片名叫《Running for Good》（中文名暂译为：《为动物而跑》）。故事主角 Fiona Oakes 不仅是一位拥有三项世界纪录的跑者，每天他还要照顾 450 只动物! 更多信息大家可以到我们的网站上查看 www.runningforgoodfilm.com。

我做的是一门从死到生的生意

专访台湾义达创新公司董事长 Gordon

编辑 / 张小马 采访 & 文 / Vegan Kitty Cat

一见到 Gordon，就被他的热情开朗感染了。他一脸认真地说："每次人家问我为什么要吃素，我都会问，你要听 50 分钟的理由还是 5 秒钟的答案？"经常那些说只要听 5 秒钟的人，总是会被他的满腔热诚所吸引，一不小心就听了 50 分钟。

"纯素龄"近四年的他，其实是做环保事业起家的。当他过去奔波在美国、新加坡、台湾地区，为了环保可持续事业忙碌时，却在这过程中目睹了人们的观念是如何难以改变，因此感到头痛甚至被鄙视——直到他遇到了影响他一生的两位贵人。究竟是什么，让这位环保企业的董事长在短短五天内由荤转素，并带领公司走上了"从死到生"的路？

来自穷苦乡下的孩子

第一次参观 Gordon 名下 EVP 公司的 "R-ONE" 工厂，实在是颠覆了我以往对工厂的印象。一走进厂房，看到的是干净明亮的地板、洁白的机器和设备，整齐的原料一排排地摆在边上。"这不是一家废弃物处理厂兼炼油厂吗？怎么一点怪味都没有呢？"只要是访客，想必都会有这样的疑问。

深入了解后，发现 "R-ONE" 这东西来头可不小。身为全球最佳的废塑料转成柴油技术，其原理是收集废弃塑料、纺织品等原料，将其转化成柴油。其特点在于过程中不会产生二恶英，和焚化炉相比，碳排放量减少了 70 倍。原料经裁减后从机器的一端放进去，从另一端出来的生成品，便是全球唯一让柴油引擎不冒黑烟的干净柴油，其含硫量（<10ppm）比一般船用柴油干净 1000 倍。这样一个以垃圾创造高价值绿色能源的循环经济典范，吸引了联合国及其他国际组织竞相邀约合作。做出如此亮眼成绩的人——现任台湾义达创新公司董事长、新竹绿色产业联盟常务理事—，是个来自乡下的穷苦孩子。

Gordon，余金龙，1957 年出生于台湾省彰化县。由于母亲不识字，父亲在他"国小"五年级时发生车祸几乎成为植物人，并于三年后过世。他从"国中"时就开始打零工，高中时寒暑假兼职当卡车捆工，晚上到砖窑将 15 吨的卡车装满红砖，深夜时运到台北的建筑工地下砖，然后再到基隆载煤回到中部的砖窑。直到考入大学，他才第一次见识到众多资优且家学渊源的城市精英。然而与班上其他学子出身不同的鸿沟，并没有使其却步，反而让他看到了光明未来的可能性。

将垃圾变黄金

毕业后赴美深造，在经济不景气的情况下，成绩出类拔萃的他竟还能拿到两家全球十大半导体公司的聘书。由于深信人类应是地球上善尽职责的管家而非掠夺者，他毅然决然投入"可持续发展"的事业。在他眼中的"可持续"，就是"从死到生"的生意，将别人不要的、不能用的垃圾当做原料，创造出高价值的产品，其中的制作过程不但不产生污染，更不会危害任何劳工或环境。他认为，日益严重的气候变迁，事实上肇因于人类不可持续的生活型态以及毫无节制地滥用资源。秉承着为全球可持续发展及减缓全球暖化做出巨大贡献的初衷，他陆续开启了许多创新的项目。

除了将废弃物转换成干净柴油的 R-ONE 技术，他名下另一家公司义达创新，则是以农业废弃物取代塑料的"FPC 技术"，将秸秆等农业废弃物转化成建筑材料、餐具等产品，可大幅降低空气污染，并且，产品生物可分解的特性也能够洁净河川、海洋，并降低千年不烂的塑料对环境的危害。同样，这是一个"从死到生"的事业。

最后，他通过旗下的优胜奈米公司，发展废手机和电子产品的剥金及采矿技术，以不伤害环境和工人为前提的技术制作出回收金、回收银。事实上，他和妻子 Ruby 在婚礼上交换的婚戒，就是在自家工厂用回收的 iPhone 制成的。

素食，才能真自由

走在时代前端的人，总是需要披荆斩棘。这些项目和技术的前瞻作用，不是所有人都能够接受或理解的。当旧世界还未跟上变革者的脚步，变革者免不了需要做出妥协。久而久之，当耐心被消磨，无力感也随之出现。

然而，遇见"国际蔬食教父"威尔·塔特尔博士（Dr. Will Tuttle），成为 Gordon 生命中最大的转折。2014 年，他的妻子 Ruby 担任塔特尔博士来台讲座的翻译，他则是因为接送 Ruby，顺便参加讲座。没想到，这场美丽的意外让他的一生从此改变。由于 Ruby 已专注于身心灵事业并吃纯素多年，Gordon 只要和妻子一起用餐，就会配合妻子食素，自己在外则吃荤食。但塔特尔博士的《世界和平饮食》演讲，令 Gordon 感到醍醐灌顶，让他看见自己长期以环保人士自居却仍大鱼大肉的讽刺，唤醒了其内心对于"健康，环保，慈悲心"的追求。这几个字，往后也成为了每当有人问起 Gordon 为什么要吃素时，他的标准"5 秒钟答案"。

食素之后，他才开始得到真正的自由和快乐。以往，他总是努力奋斗追求目标，但现在他更花时间察觉内心，因为他知道，内心的快乐比别人所谓的成功来得更重要。而不伤害万物众生的生活方式，使得创新成为自然流露出的直觉能力，通过创新而创造出的价值反而更饶益众人，更强化了"健康，环保，慈悲心"。

可持续，是利他及给予

由此出发，他更从另一位人生中的贵人——福智创办人日常法师身上学到，原来自己一直以来在做的可持续事业，其核心不是技术，不是资本，也不是营业模式，而是"利他"及"给予"。

Gordon 表示，台湾地区有机农业的发展最早便是从日常法师开始的。当法师目睹田里的蛇经过喷洒过农药的农田，肚肠溃烂而死，竟当场嚎啕大哭，并立志发展有机农业。这背后对爱护动物的慈悲心，深深塑造了 Gordon 之后的企业观。

利他、给予的同时，播撒了慈悲心，像种子一样发芽长大，从而帮助我们自身的直觉力无所拘束地发展。这让人更能精于觉察，善于连结，而这两者都是创造力的根本，使得可持续事业方兴未艾。

看着 Gordon 忙进忙出，带着旗下开发的环保产品到全球各地参加国际会议、会见投资人及政府官员，合作协议一个接一个地签下——这样一名行动家、成功励志人士，人生中有什么遗憾吗？"如果真要说，那应该是太晚才开始纯素生活了。"他表示，"不仅平白失去了好几年推广健康和环保的时间，更重要的是创新的能力和利他价值实践得太晚。"

正因如此，每当他在介绍自家企业的最后，总是会附上一张至关重要的简报，上面列出了 17 个联合国可持续发展目标。"使用我们企业的两项技术，可以达成这些目标中的 13 个，"他说道。"但光是吃素，就能达成 15 个。"要环保，单靠科技是不够的，更需要你我从生活中最简单的三餐入手做出改变。

你心目中的理想世界是什么样的？

我希望看到人类和万物及大自然和谐共处，但以当前人类滥用资源的速度及衍生的地球暖化效应来看，已经威胁到许多物种的生存权益，预计照这样下去，"2050 年前，地球上将有 30% 的物种会消失。"哲学家马修·理查德（Matthieu Ricard, 1946-）站在地球可持续的角度曾这样说道，"解决当代挑战而让地球得以可持续的最好方法就是培养利他的动机。"

为了让植物长得快，我们使用化学肥料、转基因、农药，即使我们知道这样做最后会导致土壤酸化、硬化，土地枯竭，污染地下水和河川海洋，造成动植物和人类的各项病变，严重危害到我们和后代子孙的生存。然而，我们从大学或 MBA 学到的"正统的"企业管理，或惯行商业追求的"成长"，最快的方法不就是如惯行农业一般地加上化学肥料吗？所追求的"效率"，最快的方式不就是加上化学农药让我们在差异化中杀死非我族类，从而不再有竞争对手吗？

我希望看到企业皆能事事从心出发，这样的"有机企业"（我自创的新名词）并不着重于生病后该吃什么药，反而是将身心健康的习惯植入生活中，从而不会或不容易生病。在无限生命的概念中，不求速效，而是从心出发，维持土壤和生态的健康，以及万物众生和自然的平衡。

素食和利他之间的关系是什么呢？

日本江本胜博士研究发现，将爱与感谢的话语打成字条贴在瓶身给水看，水会呈现几近完美的结晶，而看到骂人、伤人的话，水就无法形成结晶。那么动物死前所经历过的惊恐、愤怒和痛苦会让我们从餐桌上的肉类食品中吃到什么？科学证明，对动物的慈悲心会反馈到我们自己身上，慈悲不仅仅是利他，也会真正利己。美国斯坦福大学医学院神经外科系设有一个著名的"慈悲心及利他主义研究及教育中心"（Center for Compassion and Altruism Research and Education，CCARE），成立于 2008 年，其宗旨是提倡、支持和进行严谨的关于慈悲心和利他行为的科学研究。它并非隶属于哲学系或宗教系，而是医学院神经外科系，即事事要求可被验证可被复制的全球顶尖的实证科学学院。慈悲心不单只是一个理念或是信仰，而是一个在学术界可被验证、在实务上可被体验的千年文化所流传下来的智慧结晶。

当你面临困难，是什么让你继续走下去的呢？

让我坚持下去的有三点。第一点是信念，如同日常法师所说的，"问题不在难不难，而在该不该。"第二点，是对趋势的判断。若我们正确判断趋势的话，项目要是没有困难，还轮得到我们来做吗？所以困难是必然的，关键在于如何找出对峙困难的方法。最后一点，是解决问题的自信和能力。计划永远赶不上变化，突发的状况出现时，解决问题的能力必须靠经验的累积和清晰的逻辑判断。

对于想要开始过得更环保的人，有什么建议？

最简单的方法就是吃素，很多人无法选择自己所处的环境，能力也许有限，但是每天三餐的选择是自己可以做的。甘地说："世界上最残忍的武器就是餐桌上的刀叉"。我们对食物的选择像选票一样决定了地球上某些人如何对待动物和对待环境。

最有效的方法也是吃素，地球 51% 的温室气体排放是由畜牧业直接或间接产生的，只有 13% 是由交通运输产生的，所以吃素是全球温室气体减排最有效的方法。

最可持续的和影响最深远的也是吃素。FPC+R-ONE 技术可以达成 17 个联合国可持续发展目标（SDG）中的 13 个，是全球最可持续的环保技术；但是单单吃素就可以达成 17 个 SDG 中的 15 个。吃素 +FPC+R-ONE 技术可以达成全部 17 个 SDG。

接下来有什么令人兴奋的项目在计划中？

净塑和有机的结合。我们正在发展用 FPC 做的生物分解尿布及卫生棉，包括婴儿或老人排泄物的尿布、卫生棉或厨余等有机物经过堆肥程序化为有机肥，这些低成本或免费的有机肥希望能取代化学肥料及化学农药，从而大量而迅速地推广有机农业。

不靠任何药物的健康和老化的逆转。这是已经被美国各大知名医学院认可的方法，即正念，全食物蔬食饮食（Whole Food Plant-Based）和瑜珈（或气功）三者的结合。我希望能将这个观念普及，并得到更多的支持。

Gardon 和威尔·塔特尔博士

从极简生活中体验极多人生精彩

专访零废弃生活方式之母 Bea Johnson

编辑 & 采访 & 文 / 张小马 图 / Bea Johnson 提供

一个普通的美国四口之家，一年会扔掉 4000
磅的垃圾。Bea Johnson 一家四口外加一只可
爱的吉娃娃，一年全部的垃圾竟能被轻松塞进
一个玻璃瓶。这位被称为零废弃之母的法国女
人，究竟是怎么影响千万人一同加入这场极简
变革的呢？

EXCLUSIVE INTERVIEW

糙米 BROWN RICE

2006 年，为了距离市区更近，以便可以骑行或步行到任何想去的地方，Bea 和家人从美国加利福尼亚密尔谷搬往湾区。在住进他们如今著名的"零废弃之家"前，他们曾暂住在一所小型公寓中，并把 80% 的生活物品寄存在了别的地方。Bea 发现她根本用不着那么多东西，"不仅是用不着，而是没有了这些东西我的生活变得更好更轻松了。因为少了那么多东西，就不用花时间去整理、清理。"

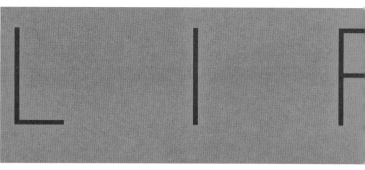

与此同时，Bea 也开始关心起环保的问题。在看了几部纪录片和电影后，她忽然焦虑地问自己："如果我们一直产生这么多的垃圾，我们能给孩子们留下什么样的未来呢？"她决定尝试着做些什么。

最一开始，Bea 的目标并不是零废弃，她只是想活得更加简单，并且对环境更友好。她节水节电，在购物的时候都会带着自己的手提袋，坚决不用塑料袋。后来她带着自己的瓶瓶罐罐和保鲜盒，买散装的食物，这样就不会产生包装的废弃。这些小习惯，渐渐预示着她将开启一场前所未有的零废弃之旅。

不过在那个时候，还没有零废弃这么一说，Bea 在查阅了无数资料后便放弃了向别人借鉴经验的念头，"根本没有人真的实践过零废弃生活，所以我要靠自己开辟出这条路。"

她总结出了零废弃生活的五步简单要领——5R 原则，即 refuse(拒绝)，reduce(减少)，reuse(重复利用)，recycle(回收)，rot(堆肥)，并且她坚持一定要按照这个顺序进行，"零废弃并不是意味着要重复利用或者回收更多的物品，而且要从源头开始就拒绝，拒绝不需要的物品才是减少废弃的关键。"

E I S

D O N

N G

E

T

I N

G

当 2010 年《纽约时报》（New York Time）报道了 Bea 一家的故事后，很多评论让 Bea 哭笑不得，第一次听说零废弃生活方式的读者们断定 Bea 一定是一个无所事事的嬉皮士。但是她用事实打破了这种猜疑，看一眼 Bea 的家就知道了，整洁无瑕、干净明亮，她的衣橱井井有条，她自己更是精神焕发，浑身上下都散发着自信和优雅。"零废弃绝对可以让你过上现代生活。它不意味着要牺牲舒适的生活、你喜欢的风格，更不会让你精神失常！"

面对当下的生活，Bea 坦言从不怀念曾经，只是后悔为什么没有更早开始零废弃的生活。她说："我们家一年的开销减少了 40%，节省了时间和金钱去做更多的事情。我和孩子们去攀冰、蹦极、跳伞，做了很多大部分人没有做过的事情。你要知道，让正值青春期的孩子露出笑容可不是件容易事。对我来说，生活就是在家人身边，并创造更多美好的回忆。真正的生活是拥有更丰富难忘的经历体验，而非物质。零废弃的生活方式让我做到了。"

Bea 被邀请到很多国家和地区以及大学进行演讲，她还提供各种关于零废弃生活的咨询，开通了博客，她甚至打开她家的大门让媒体参观以启发更多的人。她的《零废弃之家》一书如今已被翻译成了 20 种语言，其中也包括中文简体字版，这也预示着这场零废弃之旅注定会让全世界的人都加入进来。

©ZeroWasteHome.com

©Nicole Markwald

©Nicole Markwald

零废弃生活中最难的一步是什么？

零废弃生活没有想象中的那么难，不过最难的应该就是学习如何从一开始就说 NO。拒绝不必要的东西，减少家里的物品，的确让我花了一些时间去抉择。但一旦你学会了这些，你会发现真的节省了很多时间。因为当你拥有的东西越少，你去清理、整理、修理这些东西所花费的时间就会越少。

你觉得零废弃生活的核心是什么呢？

零废弃的核心就是简单的生活。在家里，我们会买无包装的肥皂当洗发水、沐浴露和剃须泡沫。我不鼓励所有人都自制生活用品而减少包装的浪费，这样会花费很多时间。只要买面包的时候带着布袋，买坚果的时候带着盒子避免产生包装就足以了。

为什么不把你的书做成电子书？这样似乎对环境会更友好。

我的书可不是废弃物，哈哈！如果我的零废弃感念只在一种媒介上传播，受众就会很少，就不会让更多的人有这种意识了，不是吗？我总说，每一次购买就是在投票，如果你想要更多的电子书，那就去买电子书，如果你喜欢纸质书，那就买纸质书。对我个人而言，我更喜欢纸质书带给我的感受，比起盯着一块小小的电子屏幕要舒服得多。

很好奇你的垃圾瓶子里都有什么？

在没有找到卖散装产品的农夫市集之前，买的苹果上面贴的标签，孩子打疫苗时的创可贴，旧自行车上的闸线，水槽上生锈的配件，还有过期护照的封皮。

来北京有什么感受？

我在北京只呆了 24 小时，你们简直是太幸运了，有那么多的商店都可以提供便利，街边的蔬果摊都是实践零废弃生活的好开始，你可以直接拿着袋子和其他容器购买新鲜食物，简直比美国方便太多啦！完全没有拒绝零废弃生活的借口！

穿在身上的可持续

专访再造衣银行和 FAKENATOO 品牌设计师张娜

编辑 / 张小马 文 / 一晗 图 / 张娜提供

在位于北京市朝阳区最东端的皮村"打工者之家"里，伴着缝纫机的声音和不停跃动的针脚，几位下岗女工用娴熟的手法慢慢拉扯出一块块色泽鲜艳的拼布。门口的卡车上，工人忙碌地把新分拣出的破旧布料装箱。这些布料将被运输到再生面料工厂，与其他渠道收集来的旧衣物一起静静等待着重生的时刻。远在四千公里外的雪域高原，正值早春季节，万物复苏，牧场的牦牛刚刚开始褪去冬季的绒毛。藏女们小心翼翼地用梳子将它们捋下，收集在框中，为接下来几日的牦牛毡制作收集材料。

与此同时，隐匿在"魔都"上海老里弄街角的一栋小楼中，早早亮起了灯火，这里便是设计师张娜的工作室。她正与助手一起讨论着新收到的面料设计方案，紧锣密鼓地准备即将到来的 FAKENATOO 和再造衣银行的联合时装周发布会……

时光追溯到 2010 年，已经在自主品牌 FAKENATOO 小有斩获的张娜，希望能利用服装设计做一点不一样的事情。机缘巧合，开公益时装店的朋友祥子正好提出了要去探访北京最大的回收衣物分拣中心"皮村"的想法。到达之后，张娜被那里的场景震惊了——太多太多我们认为可以捐出的服装，实际上都因为材质差或是破损不能被再次利用，在那边堆得像小山一样。一个叫"打工者之家"的 NGO 组织同心互惠，将这些旧服装承包，分配给皮村同心互惠合作社的下岗女工，让她们撕成布条并加工成拖把挣钱糊口。

这一幕让张娜当即决定要做点什么。她与朋友祥子决定与同心互惠联合，分担起培训当地女工旧衣拆解、清洗、再加工成新面料的工作。当看到这些用各种形状的布料缝制拼接而成的面料时，她的设计灵感瞬间乍现，于是她实验似地做了 12 件风衣，没想到受到不少时髦人士的追捧，刚放到店里就销售一空，这也一下坚定了她对"再造衣银行"这个项目的信心。

然而在最开始的时候，张娜并没有刻意考虑把"再造衣银行"做成品牌，只是单纯地想把它作为一个个人的艺术项目。但在一点点的发展中她渐渐发现，这原来是一个与可持续和环保相关的项目，它不仅是在探讨物的可持续性，更是在探讨情感的可持续性。

在一次私人旧衣改造项目中，张娜收到了一封字迹歪歪扭扭的广州打工男孩的来信。信中描述了这个男孩无法忘却前任女友的愁苦。女友以前为他买了许多衬衣，他自己每天看到这些衬衣躺在柜子里，女友却已不在，让他久久没有办法从失恋的情绪中走出。这个平实的故事打动了张娜，于是她用那些衬衣重新制作了一件外套，鼓励他从过去中勇敢坚强地走出。"有很多项目是为平凡大众而设计的，他们每一个人的旧衣物，都承载着各种各样的故事。交给我改造的时候，就像我们彼此的生命碰撞了一样。帮助他们改造的衣物，已经不单单是一件物品了，它已经成为一种为当事人疗愈的良药。"

不过无论如何，张娜都始终相信，一个品牌不管多么环保、多么可持续，都是创作者理应做的事情，设计的好坏才是真正能打动人的部分。而对同心互惠的女工也是一样，"无论告诉她们这是一件多么前卫的事儿、有多少媒体宣传，都没用。真正让她们挣到钱、过上好日子才是实际的。"确实如她所说，在整个"再造衣银行"项目稳定发展两年之后，之前制作拖把月收入只有约 1000 元人民币的女工，每人每月的工资净增长了一倍多。她希望能用自己设计的力量，多做公益项目，把爱回报给社会。

张娜认为，面对我们当今社会中的许许多多的问题，最重要的就是达到"平衡"，时装产业也是一样，一切都像是一个循环的纽带。"当时装行业都在创造新的东西时，应该有一部分人做这样一环——把已知的旧的东西变成新的东西。我觉得我的品牌在这一点上做到了这样的平衡，这有点像是一颗链接的纽扣，在旧与新之间搭建了一座桥梁，这是时尚产业中应该有的一环，我很希望未来有更多的企业做到这一点。"

这个想法也并不单单体现在"再造衣银行"的项目中，张娜的首个品牌FAKENATOO 也在最初就做出了这种平衡尝试。他们用合理的价格与西藏诺乐（Norlha）的牧民合作，创造了高端系列"暖 nuan"。在不破坏当地生态的状态下，鼓励牧民去收集牦牛身上自然脱落的牦牛绒（藏语称为"库"）。在保证牧民经济利益的同时，也让放牧人能够持续供养原本会因为年老而被宰杀的牦牛。在诺乐，一名女工花一个月的时间，只能从 300 公斤牦牛毛原料中，精梳出不到 2 公斤的"库"。精梳后的"库"会被女工们以传统的方法揉搓成毡，再将一块块牦牛绒毡寄到张娜位于上海的工作室，制作成衣服。

"我们不能只顾着时髦和赚钱就不顾环境，也并不能立刻关闭所有工厂，那些工人怎么养活自己的家庭呢？各行各业背后的一群人都值得被尊重，我们不能因为保护动物或宗教信仰，就不管不顾地掏钱把动物买下放到野外，很多人这样做是没有考虑后果的。我们应该在做任何一件事的时候考虑到平衡性，要体谅牧民谋生的辛苦，也要想到自己的所作所为是否会影响到动物与大自然的后续问题。"

其实，当张娜把"再造衣银行"打造成品牌的时候，已经是整个项目发展五年之后了。大概在 2015 年，她发觉整体的社会环境发生了很大变化，NGO组织的旧衣回收系统越发完善，越来越多的回收衣箱走入了平常人的小区，回收分拣也变得系统化；不仅有了再生面料的技术，而且人们对旧衣的认识也比从前多了很多。加上多年的经验，她的设计也越发成熟了。这一步步走来的过程，才让她对"再造衣银行"有了更明确的发展想法，这一切也给了张娜更多的灵感与更自由的设计表现机会。

在七年的发展中，张娜不仅让旧衣变新衣成为了可能，还创造出一个完善的系统。只是单纯地跟随初心，把在当下、在眼前打动自己的事情做好，张娜努力尝试着用设计与新技术结合，打破人们对旧衣改造的刻板印象，"再造衣银行"逐步发展为一个真正品牌的同时，她也成功地用新的形式证明了"可持续时尚"的无限可能。

你是怎样开始萌生改造旧衣服的想法的呢？

因为我家是满族，家里传下来很多老物件，所以从小我就对这些老物件和 Vintage 非常喜欢。家人也都喜欢购买和收藏。但后来这些老物件越来越多，它们大多不被使用，没有新的生命价值，只是留存在那里，让人睹物思情。衣服也是一样，我们一生会拥有很多衣服，一件衣服背后会有很多故事，承载一个人过去非常多的记忆和情感，甚至一件衣服能够反映一个时代，丢弃很可惜。所以在一开始的时候，我就希望把这些旧衣服作为媒介，把无用的它们通过设计加以改造，让它们重新与人的生活连接起来，连接人们的过去、现在和未来。

你创作的这些衣服的面料都是从哪里收集的呢？

最开始的时候，是在北京皮村收集旧衣物，同时也召集大家捐一些旧衣物，后来 NGO 组织"壹基金"开始与我们合作。他们旗下有很多设立在各个城市的旧衣回收点，他们会把回收来的衣服分类，一些适合的就捐给贫困山区，另一些会直接给我们，比较破旧的就交给国内设备非常完善的再生面料工厂。工厂会用机器将这些旧衣服直接打碎成浆，融合成新的线，最后再织布成为新面料。所以我们除了旧衣面料直接利用，有一些衣物你看起来没有拼接痕迹，其实就是用再生面料制作的。

一件衣服的材质很重要，但对于回收来的面料质量一定很难保证，当遇到许许多多无法消化的面料时你会怎么处理呢？

我们会将大多数面料交给再生面料工厂，让他们重新混纺织成可以再利用的布料。从中我们也会挑选一些特别的材质拿回来，想办法设计成有用的东西。比如我们曾经跟星巴克臻选®烘培坊合作，用他们装咖啡豆的麻布袋做成夹克，没想到很多人争相购买。我们还被星巴克邀请设计了一系列背包，用许多回收来的废弃衣服做成再生棉布料，重新印刷上设计图案并且做了防水处理，再搭配环保材质做成背带。

你对"再造衣银行"的未来有什么新的计划吗？

我希望未来能更多、更完善地去做"定制"这方面的事情。我个人并不喜欢所谓的"高级定制"，我们想做的定制服务应该是更多地服务于普通大众的，而且未来的需求也会越来越多。我平时能收到很多希望我为他们定制改造的邮件。一个人的故事能够打动我，我会只收取一点工本费，为他们做改造设计，无论他是名人还是普通人。这整个过程已经超脱了一个物品的价值，更多的是心灵疗愈的作用。

你平时会穿什么样的衣服？

哈哈，我会穿自己设计的衣服啊。但是有时候设计衣服要投入太多精力，我会觉得自己需要缓一缓，所以我平时穿的比较随便。除了设计，我会比较注重服装材质，也会买一些其他设计师的衣服穿，算是互相支持吧。

如果"再造衣银行"倡导的是一种可持续的生活方式，那应该是怎样的一种生活?

这种可持续的生活方式，背后是珍惜与尊重。珍惜身边已经存在的事物，珍惜我们现在所拥有的事物。当我们懂得珍惜，就会发现生活状态的改变，会对他人的给予感到尊重，也会更多的去向外界付出爱。我们在做"再造衣银行"时，就是倡导用珍惜与尊重来对待这些已存在的事物，对它们进行改造，让它们变得更加合理，把更多的美带给大家。

灵

INSPIRED

BY THEM

感

INSPIRED BY THEM

糙米 BROWN RICE

我和我的零废弃生活

编辑 / 张小马 文 & 图 / 余元 Carrie

人物简介：余元 Carrie，中国首家致力于倡导零废弃生活的社会企业 THE BULK HOUSE 创始人，旨在鼓励人们通过零废弃的生活方式与自然友好共处。

THE BULK HOUSE 零浪费无包装商店
地址：北京市东城区鼓楼东大街 24-2 号
网站 : www.thebulkhouse.com
微信公众平台：TheBulkHouse 零浪费生活 (ID: TheBulkHouse_China)

一切开始于 2015 年的那个春节。年假结束后匆匆回京的我，突然被房东告知他要卖掉这间房子，让我必须在两周内搬走。这间位于六层的小公寓我一直挺满意，如果不是因为房东突然要卖房的决定，我是绝对不会搬家的。

虽然不舍，但还是要搬。然而没想到这次搬家却让我意外发现，这间小小的公寓竟容纳下了那么多东西——乱七八糟的衣服，瓶瓶罐罐的化妆品，开封或没开封的各种小玩意儿，甚至有些东西连我自己都不记得是什么时候买的，小小的客厅被不常用的东西塞得满满的。

搬家时间紧迫，住在六层又十分不便，许多东西懒得带走，就只好问周围的邻居是否需要，于是很多东西都送给了他们。原来我自己的生活总是徘徊在买买买和扔扔扔之间，关键是花的都是自己的钱，这样的浪费让我很心疼。

可能因为少了不少东西的缘故，新家显得格外空旷，衣服、床铺、写字桌都整洁且干净，我发现即使少了很多东西，我的生活也一点没受影响，反而更轻松自如。我们生活中80% 的时间都在穿 20% 的衣服，我决定精简衣柜和生活。衣服注重质量而不是数量，几件够穿就好；护肤品只要保湿补水就好，太多东西抹在脸上，皮肤反而吸收不了；逛街不再被"外表"所吸引或欺骗，买一个东西前先问自己是否真的需要，而不是出于价格或者外观。

就这样，我发觉了自己内心真正的需要，开始专注于自己真正热爱的事物，更集中注意力在值得的事情上，这种极简的生活方式让我感到很快乐。我清空了生活中的冗余，给自己的生活来了个大扫除——给精神做加法，给生活做减法。

践行着极简生活的我，在 2016 年夏天初识零废弃理念和零废弃生活的创始人 Bea Johnson，我在 Youtube 上被她的 TED Talk 标题所吸引——"一家四口一年的垃圾一个小小的玻璃罐就能轻松装下"。我心中深深怀疑这种行为的可能性，强烈的好奇心促使我认真看完了她的演讲视频，她讲述了自己如何开始零废弃生活、对零废弃生活的理解以及一家四口人九年的零废弃生活之旅，我从开始的怀疑到由衷的佩服，并被这种生活方式深深吸引。

那个时候的我和当下的都市青年们一样，挣着月月光的工资、赶着快时尚的潮流、休息日尽情地娱乐消遣，挥洒着自己无处安放的青春活力。我心中的生活目标就是活在当下，至于明天如何，谁知道呢？对我来说，对于环保的认知最多是出行乘坐公共交通工具、植树节、地球一小时之类宣传面很广的活动，仅此而已。

Bea Johnson 改变了我对环保的刻板印象，环保并不是一个多么宏大、遥远的词语，它与我们的生活密切相关，我们是环境问题的制造者也是环境的保护者。个人的行动也是一种发声，我们或许只需少用一个塑料袋、少用一个塑料纸杯、少点一次外卖，在自己的生活中稍微改变一下，就是在为环保助力。

我开始了解到自己垃圾的构成——主要垃圾来源是商品包装、快递包装、食物垃圾等。因此我从最简单的做起，出门不再使用塑料袋，在超市的生鲜区也不再随意乱扯塑料袋，尽量去市集上购买蔬菜水果，因为它们不会被包裹上塑料薄膜，安全又新鲜。出门必带的装备还有水壶、不锈钢吸管和不锈钢餐盒，带自己的杯子去咖啡店不仅可享受减免，还能减少又一个纸杯流入垃圾填埋场的可能性，外出就餐尽量不浪费，实在吃不完的食物装在自带餐盒内。

为了减少不必要的浪费，家中许多一次性制品都渐渐消失或被替换，我开始用可降解的竹制牙刷、竹纤维的卫生纸，用手帕代替餐巾纸，用白醋、小苏打来自制清洁剂，学会做各种健康料理，不再依赖于多油多糖的外卖，将家中的垃圾桶送给收废品的阿姨，开始用玻璃罐装那些不可降解的垃圾。

我的零浪费生活也影响着周围的人，我的弟弟也开始有意识地不再使用塑料袋，减少购买带有塑料包装的商品；朋友间的聚会大家也不再使用塑料吸管和一次性餐具；邻居看到我的堆肥桶也向我询问如何堆肥，准备尝试……

看到越来越多的人了解到这种健康的生活方式，我非常高兴。但同时也认识到个人的力量终究有限，如果想在更大范围宣传、倡导这种生活方式，就必须有更大的平台让更多人参与进来。于是我创办了 THE BULK HOUSE，我们专注去做三件事情，第一是提供零废弃生活的资源共享平台，比如闲置物共享的交流群（Reduce to Relive | 精简生活）和零废弃交流群（Zero Waste Beijing）；第二是组织一系列与零废弃主题相关的活动，比如开展堆肥工作坊活动和手工 DIY 活动，环保影片放映，修理工作坊，在 2016 年 12 月，我们邀请了零废弃运动先锋者和发起人 Bea Johnson 来北京首次分享她的故事；第三是提供日常实用且独具美感的零废弃好物，旨在帮助人们轻松开启一站式零废弃生活。

后来，我们在零废弃 5R 原则的基础上又总结出了更适合当下的 6R 原则：除了 Refuse（拒绝你不需要的物品，避免垃圾的产生）、Reduce（减少你需要的物品）、Reuse（物尽其用，物品的循环利用及再闲置物品的再次利用）、Recycle（回收利用那些不能被拒、减少、再利用和维修的物品）、Rot（堆肥降解），还在最后 Reuse 和 Recycle 之间加上了 Repair，即维修保养你的物品，而不只是回收处理它们。

随着身边的人慢慢了解到我们所做的事情，越来越多的人开始加入到零废弃生活的行列中，也有越来越多的机构和组织邀请我们过去办活动、做分享。到目前为止，大小活动总计超过40余场。我们自己也举办了多场围绕零废弃6R原则的线下活动，比如零废弃分享会、堆肥工作坊、零浪费概念日、闲置物共享、修理工作坊，记录片放映会等各种各样的活动，目的就是希望让零废弃生活方式变得简单有趣易实践，看到越来越多的人慢慢被我们所影响，觉得我们所做的一切都是值得的。2018年1月21日，我们开了中国首家致力于倡导零浪费生活方式的THE BULK HOUSE零浪费无包装商店，目的则是为了满足人们在践行零浪费生活方式时享受能更多的便利，同时对那些想要了解或正准备开始实践的伙伴们提供一个指明灯。

其实，只要我们每个人都能从生活中从一点一滴的小事做起，就能改变很多，让我们一起开始这场零废弃之旅吧！

通过整理，看见自己

编辑 / 张小马 文 & 图 / 周一妍

作者简介：周一妍，10 年资深媒体经历，曾担任《外滩画报》主笔，中国超人气整理博主，自媒体"第1整理术"公众号创始人。目前平台汇集了几十万名整理收纳爱好者，通过整理物品的训练，帮心灵减负，让小家变美。同时，周一妍还担任日本专门家检定协会理事，将日本系统的整理收纳培训讲座引入中国，目前培养中国整理收纳达人近 200 人。

喜欢整理的人都知道，整理家，其实是在整理内心。法国建筑现象学研究者伯格·舒尔兹在其著作《空间诗学》中有一个观点，令我印象深刻。作者在谈到"内与外"的辨证时说，心象无处不在，我们借着"家屋"和"房间"，学习安居在我们自己心里。在我看来，整理术不仅仅是断舍离的一种方法，也是一个不断自我探索的过程。通过整理这个行为，我们可以不断"看见自己，忠于自己，关爱自己，同时学会帮助别人"。

所以，请相信整理的魅力。它不仅可以让我们的小家清爽干净，它还有让我们的人生焕然一新的能力。

整理第一步：学会选择

整理，本身就蕴含着"准备"的意思。

当你把自己"准备"到万事俱备、只欠东风之时，好运自然就来。

所以，整理，绝对不是"扔东西"那么简单。当你在一一挑选身边物品的去留的同时，你在做两件事：

1. 思考事物的优先级，什么物品对你来说是适合的、需要的、有意义的？什么物品对你来说是不适合的、不需要的、无意义的？

2. 思考你理想生活的模样，比如我想要一个"能留住人"的家，我想要一个彻底"身心灵放松"的家。整理这个动作，就好像给你安装上"第三只眼睛"，让你接住旁物，看见自己。

那么，我们究竟如何整理？如何选择呢？

第一种：心动整理法

拿衣服举例，先把衣柜里所有的衣服全部拿出来，集中到一起（记得这一步的关键是所有衣服，而非当季衣服，或者随手可拿的衣服），然后一件件触摸感受，有心动感觉的衣服留下，没有感觉的丢弃。

这个方法的好处，在于你的内心一刻不停地在尝试体会"心动"的感觉。所以，原本让人觉得枯燥伤脑筋的行为，变成了追求心动体验的兴奋时刻。等全部取舍完毕，你的衣橱将全部迎来让你有心动感的衣服，那种被幸福包裹的感觉，是不是特别让人期待呢？

第二种：断舍离

《断舍离》一书的作者山下英子的家里，物品数量真的非常少，给人一种清冷雅致之感。她严格遵循"一五七总量限制原则"，即看不见的空间（抽屉）只能放七成满，看得见的空间（透明柜子）只能放五成满，展示型空间（台面）只能放一成满。按照这个规则来布置家，非常清爽，视觉体验一百分。它的精髓还在于不适合、不需要、不舒服的物品，全部丢弃！

第三种：时间法

按照时间为限，一年以上不穿、不用的东西，请丢弃。当然，时间长短是 1 年、2 年还是其他，由你而定。美国极简主义代表 Joshua 提出的"90-90"法则值得一试，即某一个东西过去 90 天没有用，今后 90 天不会用，就丢弃。

整理第二步：拒绝诱惑

从今开始，把每一次买东西看作是一种仪式，一种更多了解价值，甚至是重塑价值观的行为吧。

1. 只买当下急需品。当你决定购买这件衣服或者这件商品时，考虑一下，是不是回家就会打开使用，是不是明天就愿意穿着这件衣服去参加活动？如果回答是 No，那么就可以考虑一下，是否需要买下"当下不需要"的商品。

2. 购买"你够得着的最好的商品"。当你喜欢某物时，你先想想，它是不是你预算范围里最好的？挑选一个需要让你挥洒很多汗水（劳动力）才换回的高品质感商品吧，它给你带来的幸福感，以及你对它的珍惜感，绝对是打折的廉价货不能相比的。

3. Buy less, choose well and make It last. 买少、买精，使之隽永。

整理第三步：找到你自己的风格

在整理衣橱的过程中，问自己这些问题吧：

·我依然喜欢它吗？
·我什么时候穿过它？
·它依然合身并且修饰我的体型吗？
·它们能诠释出最好的自己吗？

当你完成了前 3 个问题，你的衣橱可能已经空了 70%。但是，第 4 个问题是不是很难回答？因为这背后意味着你必须清楚一件事：你是谁？

香奈儿说过一句话：时尚易逝，风格永存。当你通过整理找到了你自己，自然而然就会找到最适合的风格。相信我，时尚潮流周而复始，近些年流行极简（Less Is More），后几年可能会重回繁复（More Is More），我们通过整理，找到你的风格，以不变应万变。

衣服会说话。但它们究竟在说什么？我们通过整理，找答案。

整理第四步："绿舍离"

它和"断舍离"只差了一个字，但其寓意是完全不同的。

绿：购物时考虑物品的环保性和可再生性。

舍：舍弃购买即用即弃的易耗品，如廉价、质量不佳的快时尚品牌的衣服。

离：暂时离开扔东西的行为，尝试零废弃的生活方式。

我把"绿舍离"称为一种新的可持续生活方式，探讨整理爱好者在去芜存菁的过程中，如何处理自己的垃圾。

如果可以通过这种方法，不搬家、不花钱就能探索出自己的心动感，是多么幸福的事啊！如果外在环境清洁舒爽，我们便可以快乐地安居在自我里面，看见自己，读懂自己的内心，越来越喜欢自己。我想说，整理空间让我们透过物品看到自己的内心，也能让我们变得果敢、自信，迎来焕然一新的人生。你愿意来试试吗？

整理第五步：心灵成长

我们常常会陷入极度迷茫、焦虑不安和不够自信的状态中，这个时候我们不妨来整理一下自己的人生目标。

做法很简单：

1. 拿出一张空白纸张，在上面写上"我人生真正目的是什么？"
2. 写下跳进你脑中的任何答案。
3. 请重复上一步，直到写出让自己哭泣的答案。
这便是你的人生目标。